W0052326

S. FISCHER

David Gugerli

\\ Wie die Welt
    in den Computer kam

Zur Entstehung digitaler Wirklichkeit

S. FISCHER

Erschienen bei S. FISCHER

© 2018 S. Fischer Verlag GmbH,
Hedderichstr. 114, D-60596 Frankfurt am Main

Satz: Pinkuin Satz und Datentechnik, Berlin
Druck und Bindung: CPI books GmbH, Leck
Printed in Germany
ISBN 978-3-10-397226-9

\\ Inhalt

03 02 09 CC Hey, Jim, you do have your computer ON, don't you?
03 02 13   C Negative. I don't have it ON. Do you want it ON at this time?
(…)
03 02 43   C Computer light is on. We're ready.
03 02 46 CC Say again, Jim.
03 02 47   C I say, my computer light is on. We're ready.

Gesprächsprotokoll zwischen Bodenstation (CC) und Astronaut (C) während der Gemini 4 Mission, NASA 1965, S. 26.

\\ 1 Einschalten

Dieses Buch berichtet darüber, wie die Welt in den Computer gekommen ist. Es ist die Geschichte eines großen Umzugs, der vor sieben Jahrzehnten, also um die Mitte des 20. Jahrhunderts begann. An der Ausgestaltung einer rechnergestützten Wirklichkeit ist seither aus unterschiedlichen Gründen gearbeitet worden – in Millionen von »Mannjahren«, wie es in der Branche hieß.[1] So leicht heute von der rasanten und umfassenden Computerisierung der Welt die Rede ist, so langwierig, aufwendig und manchmal auch frustrierend waren jene Anstrengungen, »die die Welt in die Computer versetzt haben«, wie der amerikanische Technikhistoriker Michael S. Mahoney es formuliert hat.[2]

Wie ist die Welt in den Computer gekommen? Das in Computergeschichten übliche Gemisch aus schönen Pioniertaten, unternehmerischem Risiko, straffen Genealogien und exponentiellen Wachstumskurven gibt darüber keine Auskunft. Wo hart gearbeitet, verwegen projektiert, nicht selten blauäugig konzipiert und oft verzweifelt auf eine nächste Version von Programmen gewartet wurde, wo während Jahrzehnten immer wieder auf das eben zusätzlich angestellte Personal und die bald entwickelte Software verwiesen worden ist oder mit großem Aufwand rechnergestützte Routinen erlernt wurden, kann die historische Untersuchung zur Entstehung digitaler Wirklichkeit nicht einfach von der Naturwüchsigkeit des technischen Fortschritts ausgehen oder gar die

Maschine für die Entwicklung verantwortlich machen. Statt die
Opfer von Rechnern zu beklagen und sie als Ursache für »Lese-
und Aufmerksamkeitsstörungen, Ängste und Abstumpfung,
Schlafstörungen und Depressionen, Übergewicht, Gewaltbereit-
schaft und sozialen Abstieg« zu bezeichnen,[3] muss man die
Motive ihrer Entwickler und die Intentionen ihrer Anwender in
Erfahrung bringen.

Weder Naturwüchsigkeit noch Opferdiskurs weisen einer angemessenen Computergeschichte den Weg. Ich will deshalb meiner Geschichte eine andere Perspektive geben, und das heißt die
Probleme so darstellen, wie sie sich den Zeitgenossen präsentiert
haben und wie diese sie angegangen sind. Ich werde den Erwartungen, Denkstilen und Motiven derjenigen nachgehen, die als
Techniker, Manager, Anwender, Unternehmer und Beamte an der
großen Verschiebungsaktion gearbeitet, sie angeordnet oder mit-
getragen haben. Sie alle haben auf erweiterte Gestaltungsmög-
lichkeiten, auf das Analysepotential oder auf die Beschleunigung
der Dinge im digitalen Raum gesetzt und deshalb die Mühen des
Umzugs für sich und andere in Kauf genommen. Aber nicht alle
haben das in gleicher Weise getan. Ich berichte also davon, wie
der Rechner aus unterschiedlichen Gründen nutzbar gemacht
wurde. Aufgrund welcher Motivationen ist der neue Handlungs-
raum erschlossen worden und welche Probleme galt es dabei zu
behandeln? Wie verlief der Umzug von den alten Registraturen
in die unbekannten Datenbanken, vom Rundfunk ins World
Wide Web, vom Ring der Börsenhändler zum rechnergestützten
Aktienhandel oder von den Roulettetischen der Casinos in die
Gewinnzonen raffinierter Online-Spiele?

Die Frage, wie die Welt in den Computer gekommen ist, übt
einen belebenden Denkzwang aus. Sie lässt sich mit etwas Glück

und mit kritischer Unbeirrbarkeit auch beantworten. Die Quellen für diese Geschichte sind jedenfalls greifbar – in Hunderttausenden von Vorträgen, Diskussionspapieren und Artikeln, die im ersten halben Jahrhundert der Computergeschichte zu diesem Thema produziert wurden.[4] Mit ihnen wurden immer wieder neue Aufmerksamkeitsmuster erzeugt und zukunftsträchtige Handlungsweisen diskutiert. Aufsätze, Ankündigungen und Arbeitsberichte geben heute darüber Auskunft, wie man den neuen, digitalen Raum hatte einrichten wollen und welche Regeln man dafür entwickelt, geprüft und schließlich verworfen oder implementiert hat. Darüber, was sich mit Fug und Recht erwarten ließ, musste man sich verständigen – in Vorträgen und Artikeln, in Strategiepapieren, Inseraten und Debatten. Die Spuren dieser Verständigungsarbeit sind meine Quellen. Sie berichten von den erfolgreichen oder gescheiterten Debatten in jener dynamischen Projektkultur, die eng mit der Computerwelt verknüpft war. Sie sind von Zeitgenossen als Reiseführer gelesen worden. Und sie helfen auch heute, sich im digitalen Raum von damals zurechtzufinden.

Die Technikgeschichte des Computers beobachtet also Beobachtungen und ist eine zusammenführende, konzentrierte Darstellung einer großen Zahl von zeitgenössischen Darstellungen. Denn weder die Prozessoren auf Leiterplatten noch die Zeichen auf längst erloschenen Bildschirmen, weder Datenbestände noch Programme, weder Anwenderinnen noch Operateure sind historisch anders als durch die kritische Lektüre ihrer in Archiven oder im Netz überlieferten Kommentare begreifbar. Selten nur habe ich Memoiren und Interviews mit ausgewählten Akteuren der Computergeschichte konsultiert.[5] Meistens liefern diese nur Rechtfertigungen für weitsichtiges Handeln in der Vergangenheit, zeigen aber wenig Interesse an der historischen Entwicklung. Sie gehen von einer Vergangenheit mit beschränktem Horizont (der anderen) aus und vergleichen diese Vergangenheit mit der undankbaren oder ignoranten Gegenwart. Dabei übersehen sie, dass sich Ungewissheit nicht zuverlässig reduzieren lässt und sich Klugheit auch nicht stetig vermehrt.

Im Wesentlichen ist damit gesagt, worauf sich meine Aussagen zur Geschichte des Computers stützen und was ich beiseitelassen will. Ich nutze vor allem die umfangreichen Bestände der *Association for Computing Machinery*, weil sie sehr detailliert Auskunft darüber geben, aufgrund welcher Vorstellungen beim Umzug in den Rechner gehandelt worden ist.[6]

Zur Verständigungsarbeit gehören leise und laute Ankündigungen, lange und kurze Erzählungen, große und kleine Versprechen, auch außerhalb der selbsternannten Fachzirkel. So hat beispielsweise, im ersten Werbespot der Computergeschichte überhaupt, der Computerhersteller Remington RAND um 1951 eine universelle Einladung ausgesprochen, die man heute leicht überhören könnte.[7] Wie jeder Werbespot verbreitete auch dieser eine frohe Botschaft und verkündete in seiner offensichtlichsten Mitteilungsschicht große Freude über die Fortsetzung des zivilisatorisch-technischen Fortschritts. Das eben erst gegründete Unternehmen mobilisierte die ganz große Kulisse, um seinem neuen »Universal Automatic Computer« eine geeignete Bühne für den filmischen Auftritt zu bieten. Von den Pyramiden bis zu den Wolkenkratzern, von den Erfolgen wissenschaftlicher Forschung über den enormen Output automatisierter Industrieanlagen bis zu den Leistungen moderner Regierungsformen wurde in Wort und Bild alles aufgefahren, was zu den Fundamenten und Erfolgen, zur Geschichte und zur Zukunft der Menschheit zählte. Der Auftritt des UNIVAC stellte diese Zivilisationskulisse in den Schatten – und auf neue Grundlagen: In Zukunft sollte das ganze Welttheater von den Rechenkünsten der Maschine profitieren. Denn der UNIVAC hatte sich als erster kommerzieller Digitalrechner überhaupt von der Hauptaufgabe bisheriger Rechenmaschinen emanzipiert, die in der Kalkulation von ballistischen Kurven, in der Kryptographie und in der Entwicklung von nuklearen Massenvernichtungswaffen bestanden hatte.[8]

Der Werbespot der Remington RAND präsentierte den Computer als krönenden Abschluss der zivilisatorischen Entwicklung und zugleich als deren Instrument. Detailliert erklärte der Film die verschiedenen Komponenten, Prozeduren und Einsatzmöglichkeiten des Rechners: Codierstationen, Lochkartenleser, magnetische Bänder, Überwachungskonsole, Prozessor, Zwischenspeicher, Drucker, das Ganze umgeben von ein paar menschlichen Aktanten. Erwähnt wurde die erstaunlich schnelle Lösung komplexer kernphysikalischer Gleichungssysteme, im Vordergrund aber stand die bürokratische Massenverarbeitung von Daten am digitalen Fließband.

Besonderes Gewicht wurde auf die Beherrschung der Maschine durch präzis denkende Programmierer und adrette Operatricen gelegt. Der Rechner war ein automatisiertes, industrielles und gut beherrschtes Rechenmonster im Dienste der Menschheit. Er kam als eine reibungslos funktionierende Fabrikationsanlage daher, die am Eingang mit Rohdaten gefüttert wurde, welche nach einer ganzen Reihe von Verarbeitungsschritten am Ende als fertig gerechnete und sauber gedruckte Ergebnisse ausgeliefert wurden. Das konnten Tausende von Schecks für die Bezahlung der Belegschaft eines großen Unternehmens sein, unter Berücksichtigung sämtlicher Abzüge für Steuern, Sozialversicherung und Gewerkschaftsgebühren und der Zulagen für individuell geleistete Über-

stunden, Ferien und Nachtschichten. »In weniger als vier Stunden
pro Woche und mit wenig Bedienungspersonal kann der UNIVAC
eine Lohnabrechnung für 15 000 Angestellte erledigen. Eine gewaltige Ersparnis an Zeit und Geld.«[9]

Die Leistungsfähigkeit der Anlage war enorm. Sie erledigte
alle Prozesse, »bei denen Daten verarbeitet und Probleme gelöst
werden mussten«.[10] Es sei klar, dass die Verwaltungsarbeit künftig
jenen Grad an Geschwindigkeit und Effizienz erreichen werde,
den man von großen industriellen Anlagen kenne und erwarte.
Der Drucker etwa konnte stolze drei Seiten eines großstädtischen
Telefonbuchs mit allen Namen, Adressen und Nummern in weniger als einer Minute ausdrucken. Doch damit nicht genug – und
das war der eigentliche Knaller des bombastischen Marketing-
films: »Der UNIVAC hat immer noch fast neunzig Prozent seiner
Arbeitswoche frei, um viele andere wertvolle Berechnungsaufgaben durchzuführen.«[11]

An diesem Punkt drehte der Film die Blickrichtung im Verhältnis von Welt und Computer um und offenbarte eine zweite
sensationelle Mitteilungsschicht, die weitreichende Folgen impli-
zierte. Es ging nun plötzlich nicht mehr um den großen Auftritt
der neuen Maschine und ihre Verbreitung in der Welt. Sondern
recht eigentlich darum, die noch unüberblickbaren Wege der Welt
in den brachliegenden Computer zu erschließen.

Im »universal computer« war noch Platz, sehr viel Platz sogar.
Der Rechenraum, den der UNIVAC schuf, war immens und konnte von allen möglichen Projekten in Anspruch genommen werden. Nicht weniger als »die ganze Welt« (oder wenigstens alles,
was man von ihr für relevant hielt) sollte dereinst in diesem technisch erzeugten, soeben eroberten, aber noch wenig strukturierten Raum des Digitalen Platz finden.

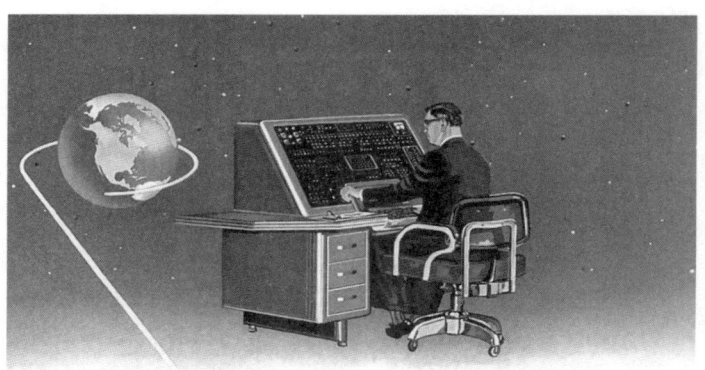

U.S. Steel & Univac*

United States Steel Corporation is another of the great American industries that have had the vision to realize the full benefits of Univac data-processing. For Univac, today, is providing U. S. Steel with the electronic management controls and procedures which are to revolutionize the business world of tomorrow.

The Remington Rand Univac, with its cost-cutting speed, gives management the facts it needs *when* it needs them. And, with Univac's unique accuracy, management knows those facts are right!

Find out how U. S. Steel and other typical users have put Univac to work on virtually all types of commercial data-processing. We'll be happy to send EL135—an informative, 24-page, 4-color book on the Univac System—to business executives requesting it on their company letterhead. Send your requests to Room 2113, 315 Fourth Avenue, New York 10, New York.

Remington Rand Univac

Makers of: Univac I • Univac II • Univac Scientific • Univac File-Computer • Univac 60 • Univac 120 • Univac High-Speed Printer

DIVISION OF SPERRY RAND CORPORATION

1 Die Welt von U. S. Steel wird 1956 in den UNIVAC gezogen.

Darauf verwies die Ikonographie jener Plakate, auf denen ein Remington-RAND-Rechner im Auftrag von U. S. Steel die Welt umarmte und sie in seinen maschinell hochgerüsteten Rechenraum hineinzog.

Die Einladung in den neuen Rechenraum hatte zur Folge, dass der Computer bevölkert wurde, etwa mit den Daten der letzten amerikanischen Volkszählung. Rechnerisch war deren Auswertung zwar keine schwierige, aber doch eine unendlich aufwendige Arbeit. Man war noch nicht mit dem Durchrechnen des vorletzten Zensus von 1940 fertig, als der UNIVAC seinen Auftritt hatte. Die neue Maschine aber erledigte die Auswertung der noch umfangreicheren Zahlenberge von 1950 mit Leichtigkeit und lieferte innerhalb weniger Wochen erste Resultate.[12]

Es lohnte sich also, die Daten der Volkszählung in den UNIVAC einzugeben. Es gab dafür auch ein informationstechnisches Vorbild: Bereits 1890 hatte Hermann Hollerith seine elektromechanischen Lochkartenmaschinen für das Census Office zur Verfügung gestellt und damit in weniger als einem Jahr die Ergebnisse der Volkszählung von 1890 berechnen können. Die Auswertung der Volkszählung von 1880 hatte dagegen noch acht Jahre in Anspruch genommen.[13]

Viel Volk wurde dem UNIVAC auch anlässlich der US-Präsidentschaftswahlen von 1952 anvertraut, worauf dieser während einer Nachrichtensendung des Senders CBS in einer Hochrechnung den bevorstehenden (Wahl-)Sieg des Weltkrieg-Generals und republikanischen Kandidaten Dwight D. Eisenhower voraussagte. Spektakulär war nicht nur die stupend schnelle Rechenleistung, sondern auch die Tatsache, dass die Maschine die Niederlage des als Favorit gehandelten demokratischen Präsidentschaftskandidaten Stevenson voraussagte.[14]

Viel Welt wurde außerdem für die schnellere Aufbereitung der Wettervorhersage in den Computer transportiert. Daten von Wetterraketen, Wetterstationen – »all das kann in den Computer eingegeben werden durch solche Magnetbänder«, erklärte der

Moderator eines weiteren Werbespots von Remington RAND[15] und zeigte auf die wie treue Diener in Reih und Glied aufgestellten Bandstationen.[16]

Der Auftritt des Computers wird also von einer großen Erzählung begleitet. Diese musste von den beteiligten Akteuren immer wieder neu erzählt werden, damit das, was da gerade geschah, begriffen werden konnte und die Mühsal der anstehenden Arbeit zu ertragen war. Meine Geschichte dieser Anstrengung ist ebenfalls aufs Erzählen angewiesen. Nicht deshalb, weil sie keine analytischen Begriffe hervorbringen könnte. Ich muss Geschichten erzählen, weil in der Vergangenheit Geschichten erzählt worden sind, die die Welt (in den Computer) bewegten.

2 Der UNIVAC sortiert Demokraten, Republikaner und Unentschiedene bei den US-amerikanischen Präsidentschaftswahlen 1956.

Einteilen lässt sich dieses Narrativ über Geschichten entlang
jener basalen Tätigkeiten, die dem digitalen Raum eine Form
gegeben haben und ihn Wirklichkeit werden ließen. Dazu gehören das Rechnen, das Programmieren und das Formatieren
(Kapitel 2). Sie stehen am Anfang, weil man sich in den 1950er
Jahren besonders intensiv mit ihnen auseinandergesetzt hat –
ohne dass sie danach an Bedeutung verloren hätten. In den
frühen 1960er Jahren begann man sich mit den Regeln des Tei-
lens knapper Ressourcen und damit auch mit den Betriebsregeln
des digitalen Raums zu beschäftigen, also mit dem Problem des
Time-Sharing und der Entwicklung von Betriebssystemen (Kapitel 3). Fast gleichzeitig wurde das Thema der Synchronisierung
der Welt mit dem digitalen Raum akut, wie sich am Dispositiv
des Raumfahrtzentrums in Houston gut beobachten lässt (Kapitel 4). Ein Problem, das sich wie ein roter Faden durch die
Computergeschichte zieht, ist der delikate Abgleich zwischen
dem informationstechnischen Angebot und der informationstechnischen Nachfrage. Beides musste in langwierigen Aus-
handlungsprozessen zusammengeführt werden. Während Hersteller an zukünftigen Maschinen und Programmen arbeiteten,
suchten Kunden sich darüber Klarheit zu verschaffen, was sie
im digitalen Raum überhaupt antreffen wollten und wie sie
ihn einrichten könnten. In Projekten von unterschiedlichster
Reichweite wurden ihre Erwartungen dem digitalen Möglichkeitsraum angepasst (Kapitel 5). Das Verbinden von Rechnern,
das Abgrenzen von Nutzern und das regelhafte Speichern von
Daten haben den digitalen Raum bis zum Beginn der 1990er
Jahre so strukturiert, dass daraus eine weltweit gültige digitale
Ordnung entstanden ist. Seither sind die Kommunikationen und
Transaktionen der Welt fest – wenn auch in schnell veränder-

baren Konstellationen – in der digitalen Wirklichkeit vertäut (Kapitel 6).

Die hier vorgestellte Erzählung ist ein Essay. Was passiert, wenn die übliche Blickrichtung der Computergeschichte umgedreht wird? Ergeben sich aus der neuen Perspektive neue Einsichten? Worauf kann man in den herkömmlichen Erzählungen getrost verzichten und was müsste eigentlich stärker betont werden? Einen Vorteil wird man aus meiner Übungsanlage mit Sicherheit ziehen können: Dadurch, dass die Erzählung von zeitgenössischen Problemlagen ausgeht, deren Lösungen ausgehandelt werden mussten und deren Umsetzungen immer zu nicht intendierten, neuen Schwierigkeiten führten, lässt sich Computergeschichte so darstellen, dass ihr Resultat nicht als das einzig mögliche betrachtet werden muss. Das ist dann wichtig, wenn man verstehen will, warum die Welt auch im Rechner immer wieder neu gedeutet werden muss.

\\ 2 Rechnen, Programmieren und Formatieren

Als Remington Rand 1951 den UNIVAC präsentierte, gab es keine selbstverständlichen Vorstellungen davon, was von einem Computer zu erwarten war. Nur eines, nämlich schnelles Rechnen, ließ sich als allgemeine Erwartung unterstellen. Wer aber einmal einen Blick in eine mechanische Rechenmaschine geworfen hatte, der wusste, dass bereits das langsame maschinelle Rechnen mit den vier Grundoperationen eine ziemlich komplizierte Angelegenheit sein konnte. Das unübersichtliche Gewusel von Zahnrädern, Exzentern, Stangen, Hebeln und Federn, das sich unter dem Deckel einer Brunsviga- oder Adler-Rechenmaschine verbarg und das bei guter Wartung Zehnerübergänge wie geschmiert schaffte, ließ sich bestimmt nicht einfach mit elektronischen Schaltkreisen nachbauen.[1] Wie sollte es sich gleichzeitig auch noch beschleunigen lassen? Manche Spezialisten für Rechenmaschinen oder für Rechenaufgaben hatten vielleicht eine diffuse Ahnung davon, was ein Computer irgendwann einmal sein könnte. Ein paar wenige hatten von der Turing-Maschine gehört oder John von Neumann gelesen.[2] Aber auch sie hatten mit größter Wahrscheinlichkeit noch nie einen Computer gesehen, geschweige denn einen bedient. Mit Verwunderung, Skepsis oder mit leuchtenden Augen lasen sie bestenfalls die einschlägigen Berichte jener Kollegen, die bereits Kontakt zur neuen Maschinenwelt aufgenommen hatten. Aus deren Berichten ging, bei allem herzerfrischenden Optimismus, vor allem eines hervor: Darüber, was zu den wesentlichen Eigenschaften eines Computers zählte, waren sich nicht einmal jene einig, die bereits einen gebaut hatten.[3]

Was ließ sich unter solchen Umständen von einer elektronischen Rechenmaschine erwarten, die angeblich nicht nur automatisch und völlig fehlerfrei rechnete, sondern auch noch universell einsetzbar war? Man wird, selbst als hartgesottener Techniker oder als abgebrühter Manager, beim Anschauen des UNIVAC-Films vor allem gestaunt haben.[4] Und die Verwunderung nahm von einer Kameraeinstellung zur nächsten, von einer Erklärung zur folgenden noch zu. Der UNIVAC verarbeite alphabetische und numerische Daten, war da zu vernehmen, und er tue dies in »unglaublicher Geschwindigkeit«. Schlicht unvorstellbar seien die Massen an Daten, die dieses »Wunder elektronischer Entwicklung« bearbeite. Was früher Jahre gedauert hätte, lasse sich nun in Minuten erledigen.

Werbung muss immer übertreiben. Schließlich bedient sie ja Träume, weckt Wünsche, steigert die Sehnsucht und rückt unerwartete Möglichkeiten für einen kurzen Augenblick in greifbare Nähe. Sie tut dies mit überraschenden Wendungen, gerade wenn die Wunschmaschine Werbefilm die Wunschmaschine Computer vorstellt. Beim UNIVAC-Werbefilm bestand die Überraschung darin, dass eigentlich kaum vom Rechnen die Rede war. Gewiss, es wurde erklärt, was es bedeutet, für zehntausend Angestellte Lohnabrechnungen zu erstellen. Doch genau dieser mühsame, langweilige Prozess, der jeden Monat oder gar alle zwei Wochen von neuem anstand, ließ sich offenbar mit dem UNIVAC im Nu erledigen, so schnell, dass man ihn gar nicht vorführen konnte. Das Rechnen tauchte im Werbefilm nie als Prozess auf, sondern nur als Resultat: Erwähnt wurden nur – im Perfekt – »berechnete Abgaben«. Und darauf folgte sogleich das faszinierende, spektakulär schnelle Drucken von Gehaltsschecks. Gerechnet wurde nicht einmal in symbolischer Darstellung. Die Rechnerei war bereits in die Blackbox der Maschine entschwunden. Also hörte man den Sprecher bloß von »computing systems« reden, die, ganz tautologisch, fürs Verrichten und Abschließen von »computations« verwendet würden.

Obwohl also Kalkulationen nur als Resultat und nicht als Prozess, nur als mirakulöse Wandlung und nicht als mühselige Arbeit beschrieben wurden, hatten sie einen bestimmten Ort: Die

3 *Der Laufzeitspeicher eines UNIVAC um 1955.*

Kamera gewährte deshalb einen kurzen Blick in den mit Elektronenröhren bestückten zentralen Schrank des UNIVAC und einen
zweiten in den monströsen Rechenspeicher.

Auch die Stelle im Datenverarbeitungsprozess, an der es ums
Rechnen ging, wurde bezeichnet. Die Maschine lasse sich für
alle Aufgaben verwenden, bei denen »sortiert, klassifiziert, *gerechnet* und entschieden« werden müsse, wurde ganz zu Beginn
des Films behauptet.[5] Rechnen stand also prozedural gesehen an
dritter Stelle, und der Computer war zunächst – und nicht nur in
Frankreich – ein Apparat zum Sortieren von Daten, also ein »ordinateur«.

Allerdings war das Rechnen dem Ordnen nicht einfach nach-
gelagert, sondern wurde in der zitierten Verarbeitungssequenz
nachgerade ubiquitär. Das lag daran, dass jede der im UNIVAC-
Film erwähnten vier Teilprozeduren (Sortieren, Klassifizieren,
Rechnen und Entscheiden) Aspekte der jeweils anderen enthielt.
Beim *Sortieren* mussten ja berechenbare, auf Kriterien gestützte
Entscheidungen gefällt werden. Beim *Klassifizieren* wurden ebenfalls Entscheidungen getroffen über Größen, Differenzen, Produkte und Sorten. Beim *Rechnen* wiederum musste klassifizier-
tes Datenmaterial so in den wohlgeordneten Raum der Zahlen
überschrieben werden, dass über die Frage nach dem korrekten
Resultat entschieden werden konnte. *Entscheidungen* schließlich
konnten aber nur dann gefällt werden, wenn sie sich auf die rechnerisch verarbeitete Ordnung und Klassifizierung des Materials
stützten.

Dieser programmatische Anspruch des UNIVAC war an zwei
verfahrenstechnische Voraussetzungen gebunden: Erstens musste die Kette des Sortierens, Klassifizierens, Rechnens und Entscheidens durch eine überprüfbare Abfolge von Instruktionen

hergestellt werden. Das *Programm* der Kette war zu programmieren. Und zweitens musste all das, was sortiert, klassifiziert, gerechnet und einer Entscheidung zugeführt werden sollte, zuvor in
geeignete *Formate* gebracht werden. Nur dann konnte es von einer
Maschine gelesen werden; nur so konnte die Maschine das, was
aus der Kombination von Instruktionen und Daten entstand, am
Ende aufschreiben oder es an die nächste Prozedur weitergeben.
Formatierung war die wichtigste Voraussetzung für ein erfolgreiches, programmgestütztes Computing.

Die durch Programm und Formatierung verklammerte Bearbeitungskette ließ sich als Bedeutungssteigerung dieser Tätigkeiten
interpretieren: Aus der mechanischen Sortierarbeit ergab sich die
Möglichkeit zur bewussten Entscheidung. Die Bearbeitungskette
stand aber auch, noch radikaler, für die allgemeine Berechenbarkeit alles Entscheidbaren durch einen Computer.

Rechnen

Wenn das Rechnen ausgerechnet beim mächtigsten aller Rechner
zum Verschwinden gebracht wurde, stellt sich die Frage, wo es
denn vor dem Verschwinden war. Wie wurde um die Mitte des
20. Jahrhunderts ohne UNIVAC gerechnet? Wo war Rechnen ganz
selbstverständlich und wie waren die Arsenale des Rechnens be-
stückt? Der kalkulatorische Kontext im Handel, bei Versicherungen, in Werkstätten, bei der Artillerie oder in der Vermessung war
äußerst vielfältig. Das lässt sich mit ein paar Beispielen gut illustrieren.

Im Handel haben Verkäuferinnen, Buchhaltungspersonal, Manager und Lagerbewirtschafter täglich gerechnet. Aber sie rechneten mit sehr unterschiedlichen Erwartungen an Präzision. Was in der Buchhaltung eine Todsünde war, dürfte im Außendienst die Regel gewesen sein, nämlich das Rechnen als Schätzung. Je nach Situation erfolgte der Umgang mit Prozentsätzen, Margen, Stückzahlen und Mengenrabatten mal erstaunlich genau, mal bloß als Überschlagsrechnung, manchmal mit Notizen für Zwischenresultate oder ganz seriös durch schriftliches Rechnen auf Papier. Situationsgerechte, meistens eher grobe Kalkulationen gehörten jedenfalls zu den Voraussetzungen für jedes Geschäft. Anders hätte man gar nicht handeln können. Genaues, überprüfbares Rechnen erfolgte dann später beim Fakturieren und in den Büchern. Rechnerische Präzision ließ sich also im Handel teilweise auf die Zeit nach der Lieferung verschieben und an Spezialisten im Kontor delegieren. Banken stellten ihre exakten Zinsrechnungen am Ende des Jahres aus und verwendeten dafür umfangreiche Zinsnummernbücher, Börsenhändler ließen nach geschlagener Schlacht das Ergebnis ihrer Tagesgeschäfte am späteren Nachmittag in der Bankfiliale berechnen. Kalkulatorische Probleme wurden also, wo immer es ging, temporalisiert.

Auch im rechenintensiven Versicherungsgeschäft setzte man durchweg auf Verzeitlichung des Rechnens. Das risikoreiche Kalkül mit der Risikoverteilung wurde auf die gesamte Unternehmensorganisation verteilt. Dabei wurde an jeder Stelle etwas anderes vorauskalkuliert oder nachgerechnet. Die Versicherungsagenten mussten bei Kundenbesuchen unter Zeitdruck Rechenaufgaben erledigen, in den lokalen Agenturen ging es mehr ums Sammeln, Ordnen und Präzisieren der Offerten. Die Zentrale der Versicherungsgesellschaft mit Buchhaltung, Rechnungsabteilung und Policenverwaltung rechnete wiederum andere Dinge und in anderen Geschwindigkeiten als die Versicherungsmathematiker und Statistiker, die Anlagespezialisten oder die Inspektoren der Schadensabteilungen. So konnten etwa Versicherungsagenten die Eckwerte ihrer Offerten aus einem vorausberechneten Tarifierungshandbuch ablesen und damit auch komplizierte, besonders risikoreiche Policen mit geringem Rechenaufwand vor Ort einer konkreten Versicherungssituation anpassen.[6]

Nur zum Teil auf Verzeitlichung und Verteilung, wenn immer möglich aber auf Vermeidung des Rechnens setzte man dagegen in Werkstätten. Ein präzises Rechnen ging hier, vielleicht entgegen den Behauptungen von Betriebswirten, nicht zwingend mit erhöhter Wirtschaftlichkeit der Produktion oder mit gesteigerter Präzision des Produkts einher. Der vorschnellen Anwendung des Buchhalterkatechismus stand eine erfahrungsgesättigte Skepsis gegenüber Präzisionsüberschüssen entgegen. Gewiss, die Lackkosten für ein Möbel hätten sich in der Schreinerei recht genau berechnen lassen. Aber sie ließen sich mit etwas Erfahrung auch einfach schätzen und nach getaner Arbeit durch Zählen der verbrauchten Lackdosen bestimmen. Das Rechnen, das in Berufsschulen vermittelt wurde, kannte natürlich seine kalkulatorischen Spitzfindigkeiten. Manche Aufgaben der Lehrbücher dürften jedoch mehr den Respekt vor der Lehrabschlussprüfung erhöht und weniger das Rechnen gefördert haben. Dazu gehörte beispielsweise die Bestimmung der Kosten für einen Meter Kittfalz bei der Herstellung von Fenstern. Im Kapitel »Einkauf und Verbrauch von Hilfsmaterial« gehörte diese Aufgabe zu den schwierigsten. Jeder Schüler wird sich nach ihrer Lösung fest vorgenommen haben, zukünftig statt zu rechnen lieber die branchenüblichen Daumenregeln zu verwenden. Dabei wird er die Kosten pro Meter Kittfalz wie die Kosten für Leim, Stifte, Glaspapier pro Quadratmeter

Holz einfach etwas höher angesetzt haben, als es der Lehrmeister getan hatte.[7]

Anders wird es in einer mechanischen Werkstatt zugegangen sein, wenn der Verstellwinkel einer Drehbank festgelegt werden musste. Um einen Konus mit gewünschter Steigung herzustellen, waren Schätzung und Erfahrung allein ungenügend. Es wäre deshalb zu erwarten, dass Mechaniker mehr oder gar besser gerechnet haben als Schreiner. Schließlich hatte man ihnen in der Berufsschule ausführlich erklärt, dass die Kombination von geometrischer Skizze, Formel für die Kegelverjüngung und Tangens des Steigungswinkels die Berechnung der Werkzeugeinstellung ermöglichte. Adolf Stahel, der Autor des Lehrbuchs »Rechnen für Mechaniker« von 1950, wusste aber offenbar um den mäßigen Recheneifer seiner Schüler und lieferte zur Sicherheit im Anhang seiner Aufgabensammlung eine auf Vorrat gerechnete Tabelle für den (bereits halbierten) Konuswinkel in Graden und für die Steigung in Prozenten. Als ob er an der Wirkung seines Rechenunterrichts generell zweifelte, folgte danach auch noch eine Tabelle über »Quadrate, Quadratwurzeln, Kreisumfänge, Kreisinhalte«.[8]

Zeit oder relative Geschwindigkeit spielten bei jedem Rechnen eine ganz wesentliche Rolle. Das war in der Werkstatt nicht anders als an der Börse oder im Krieg. Aber nicht in allen Situationen, in denen gerechnet wurde, kam dem Faktor Zeit die gleiche kritische Bedeutung zu, nicht überall wurde das Zeitproblem auf dieselbe Art behandelt. Für die schnelle Einrichtung eines Geschützes beispielsweise ließ sich dadurch Zeit gewinnen, dass die Feuerleitstelle über vorbereitete Schusstafeln und Korrekturtabellen verfügte und die Schießelemente gemäß Feuerplan per Lautsprecher an die Kanoniere übermitteln konnte.[9] Noch schneller, wenn auch mechanisch sehr anspruchsvoll, war die Verwendung eines Kom-

mandogeräts in der Flugabwehr.[10] Hier wurden komplexe und
aufwendige Rechnungen durch ein präzisionsmechanisch und
teleskopisch unterstütztes Nachführen der Flugbahn des Flug-
zeugs ersetzt. Die Werte, die vor dem Abschuss an den Geschützen eingestellt werden mussten, ließen sich durch mechanisches
Übersetzen der optisch erkennbaren Verhältnisse auf Zähler und
Skalen ermitteln. Die »Rechnung« war im Kommandogerät mechanisch eingebaut. Man sparte also Rechenzeit und konnte an
den Geschützen eine schnelle Entscheidung über die Flugbahn
des Geschosses fällen.[11]

Rechnungen ließen sich mechanisch substituieren, mit Daumenregeln vermeiden, tabellarisch und graphisch vorrätig halten oder
einfach auf später verschieben. Es ergaben sich beachtliche Ra-
tionalisierungspotentiale, wenn am richtigen Ort kalkulatorische
Präzision, Formalisierung und Kontrolle durch Intuition, Erfahrung und Vertrauen in die Autorität einer Tabelle ersetzt wurden.
Wo Kopf- und Papierrechnen nicht mehr hinreichten, ließ sich der
Rechenraum durch Buchungsautomaten, Registriermaschinen
und andere Analogrechner mechanisch erweitern. Meistens aber
genügte es, wenn ein Rechenschieber mit berufsspezifischen Skalen verfügbar war.[12] Innerhalb des Arsenals von mechanischen, ta-
bellarischen und graphischen Instrumenten, die um 1950 herum
das Rechnen unterstützten, war der Rechenschieber als schnelles, leicht transportierbares und dennoch erstaunlich präzises
Hilfsmittel für anspruchsvolle Berechnungen kaum zu schlagen.
Selbst im technisch hochgerüsteten Ambiente des *Mission Control
Center*, in dem die Gemini- und Apollo-Raumflüge der NASA überwacht wurden, hantierten die an ihren Konsolen sitzenden Techniker noch Mitte der 1960er Jahre mit Rechenschiebern, wenn es

4 *Ganz vermeiden ließ sich das Rechnen nicht – auch nicht für einen Bord-*
mechaniker der Swissair (1959).

darum ging, möglichst schnell den verbleibenden Treibstoff der
Rakete oder die Positionsangabe des Raumschiffs rechnerisch
zu überprüfen.[13] Kaufleute, Versicherer, Handwerker und Artil-
leristen rechneten tagaus und tagein, kombinierten graphische
Hilfsmittel mit Messinstrumenten, Formeln mit Tabellenwerten,
Schätzungen mit eigenen Kalkulationen. Um 1950 gab es unendlich viele Situationen, in denen ohne große Probleme viel, genau,
komplex, schnell und sicher, zumindest aber effizient gerechnet
werden konnte. Es stand ein großes Arsenal von Instrumenten
zur Verfügung, mit denen umfangreiches oder zeitkritisches
Rechnen sowie Rechnen auf Vorrat möglich war.

Für eine Maschine, die man wegen ihrer Rechengeschwindigkeit bewunderte und als »miracle of electronics« bezeichnete, gab

es mit anderen Worten um 1950 kaum einen manifesten Bedarf. Dieser musste zuerst konzipiert, benannt und organisiert werden. Dass er sich im Laufe der folgenden Jahrzehnte tatsächlich einstellte, war um 1950 mehr Projektion als Gewissheit. Eine Maschine, in die sich üblicherweise anstehende Rechenoperationen mit großem Gewinn hätten verlegen lassen, war eben eine Wundermaschine.

Manches von dem, was sich Wissenschaftler bis dahin an verrückten Rechenaufgaben hatten einfallen lassen, wurde inzwischen von elektromechanischen Rechnern erledigt. Solche Anlagen waren beispielsweise in den 1920er und 1930er Jahren am *Massachusetts Institute of Technology* (MIT) unter der Leitung von Vannevar Bush und zwischen 1939 und 1944 an der Harvard University unter der Leitung von Howard Aiken gebaut worden.[14] Man hatte sie unter anderem verwendet, um genügend schnell, also vor dem Ende des Zweiten Weltkriegs, die kritische Masse einer Atombombe zu berechnen. Auch der *Electronic Numerical Integrator And Computer* (ENIAC), der von John Mauchly und Presper Eckert im Auftrag der US-amerikanischen Armee an der *Moore School of Electrical Engineering* der University of Pennsylvania gebaut wurde, orientierte sich an den Problemen wissenschaftlichen und militärischen Rechnens.[15] Diese Maschinen sollten beispielsweise Differentialgleichungen numerisch lösen, also die umfangreiche Rechenarbeit solcher Aufgaben mechanisieren. Oder sie wurden, wie der ENIAC, neben ihrem militärisch-nukleartechnischen Aufgabenspektrum für Fragen der Optimierung oder der Stochastik eingesetzt. Elektromechanische Maschinen, die für administrative Zwecke verwendet wurden und zuverlässig auch große Mengen an positiven Zahlen mit drei bis vier arithmetischen Grundoperationen meistern konnten, hatten damit nichts am Hut.[16] Der beim wissenschaftlichen Rechnen angesteuerte Möglichkeitsraum kümmerte sich um Atombomben, aber nicht um Kittfalz-Kosten, Einstellwinkel, Prämienabrechnungen oder Debitoren.

Das Interesse der rechnenden Fraktion der Akademiker ging in sehr viele verschiedene Richtungen. Alan Turing zum Beispiel versuchte (neben seinen theoretischen Arbeiten zur maschinellen Lösbarkeit des Entscheidungsproblems und den geheimen Arbeiten zur rechnergestützten Entschlüsselungstechnik), Prozesse der Evolution und der biologisch-chemischen Strukturbildung rechnerisch zu bestimmen.[17] John von Neumann wiederum hätte sich 1945 ganz generell eine Maschine gewünscht, die Rechnungen von hoher Komplexität löste. Er dachte dabei an arithmetische Probleme, die weit über das hinausgingen, was Vannevar Bush und seine Kollegen am MIT an Rechenaufgaben mechanisch lösen konnten. Ihm schwebten so verrückte Dinge vor wie die numerische Lösung einer nichtlinearen partiellen Differentialgleichung mit zwei bis drei unabhängigen Variablen.[18] Konrad Zuse wiederum hatte 1942 geglaubt, seinen Rechner für die Berechnung von Matrizen empfehlen zu müssen. Und diese abstrakte Empfehlung aus dem Gebiet der linearen Algebra konkretisierte er mit der erschreckenden Aussicht einer Anwendung in Rassenforschung und Vererbungslehre, wie sie in seinem Umfeld Konjunktur hatte. Bei hinreichender Förderung durch den nationalsozialistischen Staat, so das Kalkül, würde sich mit seiner Maschine der Verwandtschaftsgrad von zwei beliebigen Individuen bestimmen lassen. Die Nürnberger Gesetze hätten ein rechnerisches Umsetzungsinstrument erhalten. Es überrascht nicht, dass Zuse 1948 ein wesentlich breiteres Spektrum von möglichen Anwendungen seiner Rechner ins Auge fasste. Es reichte von mathematischen Systemen, Beweisverfahren im Sinne der mathe-

matischen Logik und Planfertigungen für numerische Hochleis-
tungs-Rechengeräte bis zur Atomphysik und der rechnerischen
Chemie, von Buchhaltung, Betriebskalkulationen und sonstigem
kommerziellen Rechnen über die Anwendung auf konstruktive
Probleme, rechenmaschinen-gesteuerte Werkzeugmaschinen,
Bauwesen, Schaltungstechnik und Schachspiel bis hin zu linguis-
tischen Problemen.[19]

Eines aber hatten solche Zukunftsentwürfe für den Computer
in der unmittelbaren technikhistorischen Vergangenheit des UNI-
VAC unabhängig von ihrem politischen Kontext gemeinsam. Sie
sollten eine selektive Verlagerung wissenschaftlicher Probleme in
den Rechner ermöglichen und dafür das Rechnen so mechanisieren, dass sich zwar nicht das Rechnen an sich, wenigstens aber
seine Trübsal vermeiden ließ. Das wäre zumindest immer dann
der Fall gewesen, wenn sich arithmetische Prozeduren hätten au-
tomatisieren und beschleunigen lassen.

Das rechnende Personal vom Rechnen zu entlasten war das
eine, die Debatten über den Computer vom Rechnen und dessen
elektronischer Umsetzung zu entlasten etwas anderes. Vor allem
Letzteres scheint Presper Eckert, James Weiner, Frazer Welsch
und Herbert Mitchell von der Eckert-Mauchly Computer-Abtei-
lung der Remington Rand bewogen zu haben, im Dezember 1951
in New York einen ausführlichen Vortrag über den UNIVAC zu
halten. Sie übergingen das Thema nicht, wie es der Werbefilm
tat, sondern zeigten noch einmal mutig und unerschrocken, wie
man mit dem Computer rechnen konnte, wohl in der Hoffnung,
danach nur noch über wirklich interessante Dinge sprechen zu
müssen. Die Ingenieure traten auf der gemeinsamen Konferenz
des *American Institute of Electrical Engineers* und des *Institute of Radio
Engineers* auf, als Abgesandte eines komplexen Entwicklungspro-

jekts der Remington Rand, an dem Hunderte von Technikern mit-
gearbeitet hatten.

Eckert und seine Kollegen wählten für ihren vierteiligen Vortrag einen überraschenden Aufbau.[20] Zunächst kamen sie nicht
etwa auf die Leistung oder das Ziel, sondern auf die Organisation
der Anlage zu sprechen. Was immer unabhängig vom Hauptrech-
ner funktioniere, sei an Hilfskomponenten ausgelagert und mit
einer eigenen Stromversorgung versehen worden. Dazu gehörten
etwa der direkte Verkehr zwischen Tastatur und Magnetbändern
oder jener zwischen Lochkartenlesern und Bandstationen. Den
Datenverkehr mit dem Rechner dagegen synchronisierten spezielle Input-output-Schaltungen, und im Rechner selbst gab es
einen *high-speed bus*-Verstärker, über den alle Daten wie Päckchen
auf einem Fließband in festgelegter Taktung wandern mussten,
wenn sie zwischen den arithmetischen Registern und dem Speicher oder zwischen dem Speicher und den Input-output-Regis-
tern bewegt wurden.

Nach diesem kurzen, aber entschiedenen rhetorischen Ord-
nungsakt hätten sich die Vortragenden dem komplexen Blockdia-
gramm für das Innere des UNIVAC zuwenden können. Sie verwendeten den gewonnenen Schwung jedoch für etwas, das in der
Computerliteratur der folgenden Jahre fast ganz zum Verschwinden gebracht wurde. Nur dieses eine Mal noch mussten Eckert
und seine Kollegen das digitale Rechnen erklären. Addieren und
Subtrahieren kamen zuerst (und gleichzeitig) an die Reihe, danach war vom Multiplizieren und schließlich vom Dividieren die
Rede. In allen drei Abschnitten ging es darum, die Zeichen in
einem Register mit den Zeichen in einem anderen Register zu vergleichen, sie aufgrund des Vergleichs und der gewünschten Operation zu verändern und in ein weiteres Register zu verschieben.

Man wird während des Vortrags davon kaum etwas verstanden haben, und auch die Lektüre der Beschreibung dieses fundamentalen Prozesses erfordert große Konzentration. Eines aber wird deutlich: Auch das Rechnen im digitalen Rechner ließ sich als ein mechanischer Vorgang beschreiben. Neu daran war, dass Werte nicht wie bei der mechanischen Rechenmaschine durch präzises Drehen eines Sprossenrads verändert wurden, sondern dass sie verglichen und umgeschrieben wurden. Rechnen ging, wie bereits im UNIVAC-Film behauptet, tatsächlich mit Sortieren, Klassifizieren und Entscheiden einher.

Auf diese Erklärung der arithmetischen Grundoperationen unter digitalen Bedingungen aber ließen Eckert & Co. rein gar nichts mehr zum Thema Rechnen folgen, auch keine Erläuterung etwa zum Umgang mit Logarithmen oder Winkelfunktionen. Stattdessen sprachen sie nur noch vom Zählen und Prüfen. Im Rechner würden Zyklen und Programmschritte gezählt, und es werde jeder Buchstabe bzw. jede Zahl daraufhin überprüft, ob ihre sechsstellige Codierung eine gerade oder eine ungerade Zahl an Einsen erhalte und deshalb an der siebten Stelle des Codes, der Kontrollstelle, eine Eins oder eine Null stehe. Gerade oder ungerade, das war die Frage, mit der jedes Zeichen im digitalen Raum konfrontiert wurde. Nachdem die feinsten Details des Rechenvorgangs und der Datenkontrolle im Innersten der Maschine besprochen waren, machte der Vortrag die Tür zum Inneren des Rechners also wieder zu und erläuterte aus der behaglicheren Außenperspektive, wie diese Blackbox mit Strom und kühler Luft zu versorgen war.

Der zweite Teil des Vortrags war den Anwendungen des UNIVAC gewidmet. Der UNIVAC werde seinem Namen gerecht, hieß es da, weil er wirklich ein »Universal Automatic Computer« sei.

Als solcher könne er die Datenverarbeitung für alle denkbaren Felder menschlicher Tätigkeit übernehmen.[21] Obwohl es um die noch sehr vage Zukunft im »ever expanding field« elektronischen Rechnens ging, wollten Eckert und seine Kollegen nicht bei pauschalen Behauptungen bleiben, denn schließlich ging es ja auch um die sehr konkrete Zukunft von Remington Rand. Wie schon beim Rechnen war ihre rhetorische Strategie darauf ausgerichtet, auch die Anwendungen ihres universellen, automatischen Computers konkret zu erklären. Dafür wurden diese Anwendungen sortiert und klassifiziert – unterschieden wurden wissenschaftliche, statistische, kommerzielle und logistische Anwendungen.

Die Reihenfolge der Anwendungen war nicht zufällig gewählt. Sie produzierte eine Abfolge, die von der wissenschaftlichen Einsicht zum unternehmerischen Handeln führte. Dabei unterstellte sie (wie beim Sortieren, Klassifizieren, Rechnen und Entscheiden) sowohl die epistemische als auch praktische Verwandtschaft der Anwendungsfelder. An erster Stelle stand die Anwendung in der Wissenschaft, die mehr mit Logistik und Geschäft zu tun hatte, als vielen Wissenschaftlern lieb war. Howard Aiken zum Beispiel hatte bei der Zusammenarbeit mit IBM nichts dagegen, herkömmliche Elemente mechanischer Buchhaltungsmaschinen zu verwenden. Zugleich hatte er aber stets auf den grundsätzlichen Unterschied zwischen buchhalterischem und wissenschaftlichem Rechnen hingewiesen. Sein *Automatic Sequence Controlled Calculator* sei ausschließlich für wissenschaftliches Rechnen mit einer breiten Palette an mathematischen Funktionen konzipiert.[22] Die Präsentation des UNIVAC lief dagegen gerade in die andere Richtung: Der Rechner sollte in erster Linie ein kommerzielles Anwendungsfeld adressieren. Dafür war der Stier bei den Hörnern zu packen und zu belegen, dass der UNIVAC notfalls auch wissenschaftlich mithalten konnte. Die Präsentatoren erzählten begeistert, dass ihre Maschine allgemeine algebraische Matrizen beträchtlicher Größe in vernünftiger Zeit berechnen konnte. In weniger als einer halben Stunde habe man sechs Lösungen für ein System von 385 simultanen Gleichungen gefunden, die aufgrund einer »nichtlinearen Differentialgleichung zweiten Grades« für den Gasfluss in einer Turbine aufgestellt worden seien.[23] Die Verankerung des UNIVAC im technisch-wissenschaftlichen Anwendungsfeld wurde so mit insgesamt drei Beispielen gesichert und war erledigt.

All das gehörte gewissermaßen zum guten Ton und zur Pflicht eines Rechners, der in der Spitzenliga mitspielen wollte. Von dort aus konnte man nun ohne Gesichtsverlust auf das sehr viel bürokratischere Feld der Bevölkerungsstatistik vorrücken, wo bislang elektromechanische Hollerithmaschinen das alleinige Sagen hatten. Dreißig Tabellen über Alter, Geschlecht, Rasse, Herkunft, Bildung, Beruf, Anstellung und Einkommen für jedes County, jede Stadt und jeden Bezirk in der US-amerikanischen Volkszählung von 1950 wurden zusammengestellt. Nicht das Rechenproblem stand bei dieser Anwendung im Vordergrund, sondern das Sortieren und Klassifizieren und Aggregieren von Zehntausenden von Lochkarten. Waren diese einmal auf Magnetbänder überspielt, brauchte es, vom Wechseln der Rollen und dem Einsammeln der gedruckten Resultate abgesehen, keine Handarbeit mehr. Der UNIVAC war offensichtlich in der Lage, jene Daten zu verarbeiten, die in großen Firmen mit Lochkartenmaschinen bereits auf durchrationalisierte Weise behandelt wurden.

Automatisierung ermöglichte der UNIVAC auch für das dritte, das kommerzielle Anwendungsgebiet. Hier ging es um 1,5 Millionen Prämien-, Dividenden- und Kommissionsabrechnungen einer Lebensversicherungsgesellschaft, bei denen rund 250 000 Änderungen pro Monat anfielen. Zwar brauche das Programm für diese Aufgabe 135 Stunden, pro Police werde jedoch nur eine halbe Sekunde lang gerechnet und neun Sekunden lang gedruckt.[24]

Das vierte Anwendungsfeld schließlich, die Logistik, machte deutlich, dass der UNIVAC auch universelles Zukunftspotential besaß. Hier gehe es darum, so Eckert und seine Kollegen, quantitativ abzuschätzen, ob ein gewünschter Produktionsprozess oder ein Mobilisierungsplan logistisch unterstützt werden könne oder nicht und wie sie zu optimieren wären. Exemplarisch berechnet wurde der detaillierte Rohmaterialbedarf für den Bau einer bestimmten Zahl von Maschinen unterschiedlichen Typs, aufgeteilt nach Quartalen über einen Produktionszeitraum von zwei Jahren. Man sei noch damit beschäftigt, ergänzten die Referenten, die komplette Inventarkontrolle eines großen Lieferanten durchzuführen.[25]

Diese breite Auffächerung der zukünftigen Anwendungsformen des UNIVAC wanderte mit jedem Feld, das die Leute von Remington Rand in New York behandelten, weiter weg von der wissenschaftlichen und militärischen Rechenmaschine hin zu einer Anlage, die Fragen der Bevölkerungsentwicklung, der Unternehmensadministration, sowie der zivilen Formen des *operations research* zu ordnen, einzuteilen, zu lösen und zu entscheiden half.

Mit Problemen des Sortierens, Klassifizierens, Rechnens und Entscheidens sollten diese und ähnliche Maschinen im digitalen Raum zunehmend beschäftigt sein. Dank der Übersetzung ins programmierbare Kalkül konnte man das in Wissenschaft, Statistik, Wirtschaft und Logistik betriebene Rechnen an die Maschinen delegieren, es damit beschleunigen oder sogar ganz vermei-

den, zumindest jedoch ausblenden. Gleichzeitig, und das war das
große Versprechen, öffneten erste realistische Möglichkeiten für
den praktischen Einsatz einen Horizont der quasi-industriellen
Produktion, Verarbeitung und Ordnung von Zeichen.

Mit dem UNIVAC war um 1950 ein Arbeitsfeld entstanden, dessen kalkulatorische Grundlagen bereits nicht mehr im Zentrum
der Aufmerksamkeit standen. Gewiss, der UNIVAC war letztlich
auch ein »Computer«. Das C am Ende seines Namens entsprach
jedoch, um es informationstechnisch und programmatisch auszudrücken, nur noch dem Control-Bit eines zukunftsträchtigen
Handlungsraums, dessen Ordnungsformen, Programme, Formate und Regeln erst noch entwickelt werden mussten.

Das war auch dem französischen Altphilologen Jacques Perret
aufgefallen. IBM France hatte ihn im Frühjahr 1955 gebeten, über
die Bezeichnung eines neuen, ganz andersartigen Rechners nachzudenken. IBM wolle keine Maschine herstellen, die einfach mit
brachialer arithmetischer Gewalt Geheimbotschaften entschlüs-
seln, ballistische Kurven berechnen oder die kritische Masse einer Plutoniumbombe berechnen könne. Man habe vielmehr eine
Maschine in der Entwicklung, die viel allgemeinere Aufgaben der
Informationsverarbeitung übernehmen sollte. Perret antwortete
umgehend: »Que diriez-vous d'ordinateur?«[26] Das Wort sei schon
im französischen Wörterbuch von Littré verzeichnet.[27] Zwar nur
als Adjektiv, aber immerhin als eines für Gott, der Ordnung in
die Welt bringe. Sprachlich lasse sich daraus recht leicht auch
ein Verb bilden, nämlich *ordiner*, oder die Aktion *ordination*. Noch
schöner allerdings sei es, fand der Lateinspezialist Perret, wenn
IBM die Maschine ganz feminin als *ordinatrice* bezeichne. Das habe
dann auch keine religiösen oder rituellen Konnotationen mehr.

Die Firma wollte es anders und nannte ihren ersten kommerziellen Computer in Frankreich recht männlich und mit etwas Weihrauch versehen »ordinateur«. Auf Englisch sprach man von der »IBM 650 Magnetic Drum Data Processing Machine«. Sie stand damit in beiden Sprachen dem prozeduralen Anspruch des UNIVAC sehr nahe und war wie dieser offenbar nicht bloß ein Rechner. Vielmehr sollte sie ebenfalls programmatisch und »true to its name« sein, wie Eckert und seine Kollegen in New York es über den UNIVAC gesagt hatten.

Berühmt aber wurde die IBM-Maschine nicht wegen ihres Namens, der keinen Bezug zum Rechnen aufwies. Berühmt wurde sie wegen ihrer Fähigkeit, bei Programmfehlern automatisch im Programm zurückzuspringen und damit das Verfahren zum Sortieren, Klassifizieren, Berechnen und Entscheiden am Laufen zu halten.

Programmieren

Wo sich das Rechnen ganz ohne Wellen, Sprossenräder, Nocken und Zähler im Innersten einer Blackbox ereignete und immer mehr einer maschinengestützten Sortierarbeit zu gleichen begann, da wurde es unerträglich langweilig. Die markante Bedeutungserweiterung, die präzedenzlose Beschleunigung und die wundersame Ausdehnung der Anwendungsfelder im »ordinateur« steigerten das Interesse am Rechnen gerade nicht. Vielmehr verschoben sie den Kern der Aufgaben, welche die Maschine und ihr Personal in Zukunft zu erledigen hatten.[28] Seit die elektromechanischen Relais durch lautlose Elektronenröhren ersetzt worden waren, hätte man vielleicht erwarten können, dass das

Personal bald nur noch Befehle erteilen und aufgrund der maschinell hergestellten Ordnung lediglich Entscheidungen fällen
musste, während die Maschine lautlos vor sich hin arbeitete. Anfang der 1950er Jahre bestand die Schwierigkeit jedoch darin, den
Computer überhaupt zum (verlässlichen) Arbeiten zu bringen.
Dafür galt es, jeden Auftrag für den Rechner in adäquate Befehls-
sequenzen zu zerlegen und diese fehlerfrei und adressatengerecht
aufzuschreiben. Damit wurden in erster Linie die Anforderungen
an das Personal erhöht.

Das stellte auch Eduard Stiefel fest. Der Professor für angewandte Mathematik an der ETH in Zürich betrieb mit seiner
Gruppe jenen »Z4« genannten Rechner, den Konrad Zuse im April
1945 von Berlin an die Aerodynamische Versuchsanstalt für Strö-
mungsforschung in Göttingen transportiert und von dort in ein
süddeutsches Mehllager verfrachtet hatte. Zuse wollte sich und
seine Maschine vor den Bomben der Alliierten und vor der Requi-
rierung durch die Rote Armee retten. 1948 passte er die Verwen-
dungsmöglichkeiten seines Rechners den neuen Gegebenheiten
im zerbombten und besetzten Deutschland an. Gleichzeitig suchte er nach einem Ort mit stabiler Stromversorgung, wachem Interesse für anwendungsorientiertes Rechnen und einem intakten
industriellen Kundenkreis. 1949 hatte er diesen Ort am Institut für
angewandte Mathematik der ETH in Zürich gefunden.[29]

1954 berichtete Eduard Stiefel über seine Erfahrungen mit
der »Z4« und einer eigenen Anlage, der Elektronischen Rechenmaschine der ETH (ERMETH).[30] Der Grundtenor des Berichts ist
bemerkenswert. Schon im ersten Satz ist recht despektierlich von
»digitalen Rechenautomaten« die Rede, die »wie Tischrechen-
maschinen als Einzige arithmetische Fähigkeit haben, die vier
Grundoperationen auf ziffernmäßig dargestellte Zahlen aus-

5 Elektronische »Rechenautomaten« waren personalintensive Maschinen.
Die Belegschaft der ERMETH um 1953

üben zu können«. Der Unterschied zu herkömmlichen Tischrechnern sei lediglich der, dass die »Aufeinanderfolge der einzelnen
Rechenoperationen automatisch von einem Leitwerk gesteuert«
werde, »welches das Rechenprogramm abtastet«. Dieses enthalte die einzelnen, von der Maschine auszuführenden Befehle,
»die vom Mathematiker vorbereitet worden sind und zum Beispiel
auf einem Lochstreifen festgehalten werden«. Alles andere sei ja
bekannt und, so ist Stiefel wohl zu verstehen, nicht mehr der Rede
wert.[31]

Ganz offensichtlich wollte Stiefel hier den »absolut reproduktiven Charakter« seiner Anlagen betonen. Darum hob er auch »die
Vorbereitung des Rechenprogramms durch den Mathematiker«
hervor. Diese brauche »meistens ein Mehrfaches an Zeit und
Denkarbeit, welche die einmalige Durchführung der Rechnung

von Hand benötigen würde, und bürdet ihm – den wir hinfort *Programmierer* nennen wollen – häufig infolge allzu primitiver Organisation des Rechenwerks noch zusätzlich Arbeit auf«.[32]

Wenn sich die Arbeit des Programmierers lohnen sollte, dann durfte er nur solche Aufgaben für die Maschine vorbereiten, die in Zukunft immer wieder gerechnet werden mussten. Routineaufträge wie die Bearbeitung von linearen Gleichungen oder die Berechnung von Flugbahnen gehörten dazu. Stiefel fand es sinnvoll, eine ganze Bibliothek von Standardprogrammen anzulegen, mit denen die hohe elektronische Rechengeschwindigkeit des Automaten auch ohne großen Vorbereitungsaufwand genutzt werden konnte. Wenn die Rechner aber bei jedem Auftrag wieder ein anderes Problem behandeln mussten und manche Rechnungen nur einmal oder nur versuchsweise durchzuführen waren, dann nahm das Programmieren »Zeit und Kräfte des qualifizierten Mitarbeiters zu sehr in Anspruch«, und die Programmierer würden durch die Maschine dauernd »gehetzt« werden.[33] »Die Rechenautomaten haben uns«, so der desillusionierte Professor für angewandte Mathematik, »das numerische Rechnen abgenommen, uns aber dafür die noch viel langweiligere Arbeit des Programmierens gebracht.«[34]

Rechnen und Programmieren erwiesen sich nicht nur hinsichtlich ihrer spezifischen Langeweile, sondern auch in Bezug auf Disziplinierung und Organisation als höchst interdependente Probleme. Kaum waren die letzten Drähte verlötet und die letzten Elektronenröhren in ihre Sockel eingesetzt, begann auch schon die große Organisationsarbeit am Computer. Das Programmieren werde deshalb schon bald den entscheidenden Engpass im digitalen Raum bilden, hielt John W. Carr vom MIT in Boston 1952 fest.[35] Ähnliches hatte man im selben Jahr auch bei der Air

Force feststellen müssen: »Die unbewegliche Maschine löst keine Probleme und befriedigt keine Bedürfnisse.«[36] Die Szene um den Computer herum musste dringend mit Personal belebt werden, das dem Rechner Beine machen konnte. Und das wiederum hieß, dass die Beherrschung der Maschine auch eine Frage des Trainings, der Auswahl und der Organisation, man könnte auch sagen der Beherrschung von Programmierern war.

Die Abläufe in den Maschinen mussten so strukturiert werden, dass sich Befehle in Maschinencode übersetzen ließen und stabile Programmelemente oder Subroutinen verfügbar wurden. Rechner hatten zu lernen, fehlerhaften Code beim Programmierer zu denunzieren. Die Abläufe beim Personal wiederum, also die Arbeitsteilung zwischen Mathematikern, Kunden, Programmierern, Operatricen und Elektrotechnikern, waren so zu stabilisieren, dass eine hohe Zuverlässigkeit der Verarbeitung aller möglichen Aufträge garantiert war.

Eduard Stiefel war in dieser Hinsicht sehr erfinderisch. Wenn es nach ihm gegangen wäre, dann hätte der im Vorhof des Rechners tätige Programmierer mit angewandter Mathematik möglichst wenig zu tun gehabt. Es galt, den ohnehin prekären akademischen Ruf dieser Disziplin nicht unnötig aufs Spiel setzen. Darum versuchte Stiefel, das Programmieren von den ETH-Mathematikern fernzuhalten und wie eine heiße Kartoffel an seine Auftraggeber in der Industrie weiterzureichen. Wer als Kunde die Rechenkapazität beanspruchen wollte, um beispielsweise die Spannungen in einer Talsperre, die Schwingungen einer vierachsigen Lokomotive oder die kritischen Drehzahlen eines Turbinenaggregats zu berechnen, musste bei Stiefels Assistenten einen Programmierkurs belegen.[37] Mitarbeiter des Instituts wurden nur noch eingesetzt, um Kundenprogramme zu kontrollieren.

Mit den elektromechanischen Arbeiten an der Maschine wurden Techniker betraut, und Programmieraufgaben für das Institut wurden an spezialisiertes Hilfspersonal delegiert.

In der Geschichte des digitalen Raums führten Entwicklungen in einem bestimmten Bereich in zahllosen Fällen sofort zu großen Störungen und Engpässen in anderen Bereichen. Aufgrund erhöhter Geschwindigkeit des Rechnens bildete sich beim Programmieren ein Flaschenhals, der – so zeigten Stiefels Erfahrungen mit dem Z4 und der ERMETH – entweder durch flankierende organisatorische Maßnahmen oder eben durch die Schaffung einer Spezialistenrolle in Gestalt des Programmierers beseitigt wer-

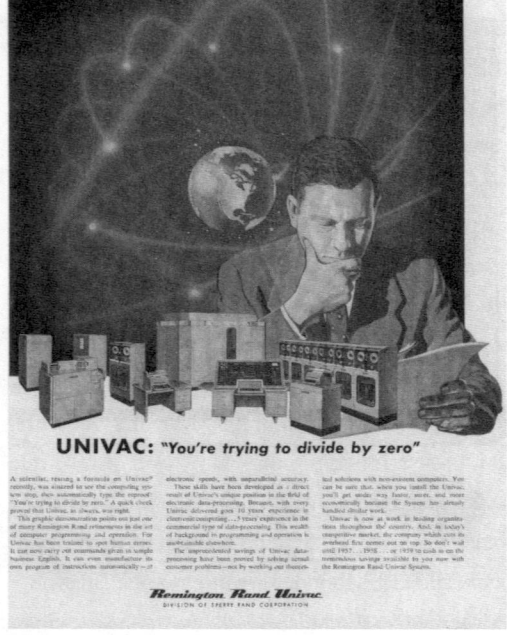

6 Die wechselseitige Disziplinierung von Maschine und Programmierer

den konnte. Es erwies sich indes als schwierig, Programmierer in
großer Zahl so abzurichten, dass sie die Maschine auftragsgemäß
beherrschen konnten, ohne laufend neue Fehler in ihre Instruk-
tionsketten einzupflegen.

Es blieb also nichts anderes übrig: Entweder behandelte man
Programmierer als eigenständiges Entwicklungsproblem, setzte
sie (wie im UNIVAC-Film) in ein gut abgeschirmtes Büro und
sorgte dafür, dass sie mit ihrer Schablone, einer Schachtel Ziga-
retten und einer beschränkten Zahl von Befehlen weder von der
Maschine gehetzt noch von der anstehenden Aufgabe zu über-
triebenen Souveränitätsgefühlen verleitet wurden.[38] Oder man
versuchte, den Rechner für die Entwicklung von Programmteilen
einzuspannen. Speziell öde Programmierarbeiten sollten vom
Rechner selbst erledigt werden. Das war seit langem der Vorschlag
von Heinz Rutishauser, einem Mitarbeiter Eduard Stiefels. Die
programmgesteuerte Rechenmaschine sei »dank ihrer Vielseitig-
keit als Planfertigungsgerät« zu verwenden und müsse die »Ge-
samtheit der Befehle für die Durchführung der einzelnen Rechen-
schritte« selbst berechnen, fand Rutishauser.[39] John W. Carr, der
am MIT an der Entwicklung des Whirlwind Computers arbeitete,
berichtete im gleichen Jahr von seiner Arbeit an automatischen
Programmierprozeduren.[40]

Es ging also nicht mehr bloß um die »selbsttätige Durchführung von Rechenaufgaben«, von der Zuse vor dem Krieg gesprochen hatte, sondern um die rechnergestützte Herstellung
jener Programme, die den Rechner fürs Rechnen instruierten.[41]
Projekte der Disziplinierung und der gezielten Einschränkung der
Zuständigkeit setzten sowohl bei der Maschine als auch bei ihrem
Personal an. Dabei brachten sich Programmierer und Computer
wechselseitig das bei, was sie tun sollten, tun konnten und unter

Umständen auch taten, falls sie erfolgreich interagierten. Programmierer intervenierten mitunter virtuos direkt an der Maschine, wenn etwas schiefging, und Rechner lernten, unzumutbare Aufträge abzuweisen. »You are trying to divide by zero«, lautete eine solche Rückmeldung. Diese schaffte es sogar auf ein Werbeplakat für den UNIVAC. Von ihm hieß es im Kleingedruckten, er könne menschliche Fehler orten, Befehle in gewöhnlichem Geschäftsenglisch ausführen und seine eigenen Programme herstellen.

Der Entlastung des menschlichen Programmierers durch Standardprozeduren waren allerdings klare Grenzen gesetzt. Jedes »im Automaten« gespeicherte Programm reduziere die Kapazität des Speichers, so Stiefel. Zudem führe der Automat die meiste Zeit nur »logische statt arithmetische Operationen« aus. »Er interpretiert, modifiziert und iteriert Befehle, schaltet Programme ein und aus und sucht einen Weg durch die ineinander geschachtelten Schleifen der Rechenstrukturen, aber er rechnet selten.« Stiefel war hier durchaus polemisch. Wollte man, so der Institutsleiter an der ETH, technische Ausrüstung durch eine Hierarchie von Programmen ersetzen, erhielte man wohl ein »Gerät, bestehend aus einem amorphen Haufen von Elektronenröhren oder anderen Schaltelementen, in welchem sogar die Addition einstelliger Zahlen programmiert werden muss« – also das, was jedes Kind im Kopf zu rechnen gelernt hat. Man erhielte bloß ein Rechenmonster mit geringer Leistungsfähigkeit und großer Selbstbeschäftigung. Stiefel dürfte einer der Ersten, aber keineswegs der Letzte gewesen sein, der diese argumentative Keule einsetzte.

Trotz aller Skepsis ließen sich die Instruktionsengpässe, die aufgrund erhöhter Rechengeschwindigkeit und ungenügend trainierten Personals auftraten, wenigstens teilweise auch maschinell beheben. Richard Ridgway berichtete 1952 darüber auf einer Konferenz in Toronto. Die meiste Zeit gehe beim Programmieren verloren, wenn bereits geschriebene Programmteile gesucht, angepasst und umgeschrieben werden müssten. Das sei völlig ineffizient, meinte der Mitarbeiter von Eckert und Mauchly, und es sei eine unerschöpfliche Quelle von neuen Programmierfehlern. Darum habe man in seinem *Computational Analysis Laboratory* die Compilermethode entwickelt. Es werde nicht mehr lange dauern, bis man diese Technik von mathematischen Problemlagen auf kommerzielle übertragen könne. Ein Compiler suche selbständig nach Subroutinen, passe sie an und setze sie zu einem kompletten Programm zusammen. Die dafür benötigte Programmierzeit lasse sich dramatisch reduzieren, und zwar mit einem Bruchteil zusätzlicher Rechenzeit, wie Ridgway zeigen konnte.[42]

Es waren also nicht nur Rechen- und Sortierarbeiten, die Anfang der 1950er Jahre in den Computer verlegt wurden. Auch die Herstellung von Teilen jener Programme, die diese Arbeiten übernahmen, ließ sich in den Computer verschieben. Die Compilerentwicklung zeigte einerseits, dass Programmieren ein kritisches Problem der Computerorganisation war, und sie machte zugleich die ungemütliche Lage der Programmierer zwischen Maschine und Mathematik, zwischen Mechanik und Kreativität, zwischen Code und Text explizit.

Gewiss, man hätte im Anschluss an die Mathematik der Moderne auch eine formalistischere oder gar mechanistische Vorstellung von Mathematik pflegen können. Oder man hätte dem Codieren mehr Gestaltungsfreiheit attestieren können.[43] Beides wäre denkbar gewesen, aber weder das eine noch das andere scheint Mitte des 20. Jahrhunderts der Fall gewesen zu sein. Trotz Compiler mussten immer noch in großem Umfang Programmierer ausgebildet und in eine neue Disziplin eingewiesen werden, bei bescheiden gehaltener Eigeninitiative. Sie hatten nach Meinung ihrer Vorgesetzten spezialisierte Sprachen zu lernen, mussten verlässlichen Code schreiben, viel Geduld zeigen und die eigenwilligen Maschinen auf verständnisvolle Weise und mit Unterstützung des Compilers dazu zwingen, jedes Programm richtig zu lesen und auszuführen. Die Disziplinierung und Disziplin der Programmierer war die wichtigste Voraussetzung für den Gehorsam der Rechner. Und umgekehrt.

Die nach dem Löten anstehende Arbeit an der Organisation des Computers war trotz des rigiden Disziplinierungsauftrags aufregend, denn Programmierer mussten immer wieder Neuland betreten, um neue Rechner an neue Befehlsketten zu legen und gefügig zu machen. Programmieren blieb trotz seiner formalen Rigidität eine Aufgabe, bei der sich laufend etwas veränderte. Ständig kamen neue Sprachen, neue Dialekte, andere Bedingungen hinzu.[44] Während der Programmierer als schillernde Figur behandelt wurde, als Anekdote, betrieblich-funktionale Unausweichlichkeit, als fehlendes Humankapital, Verzögerungsgrund in Projekten oder sperriger Teilnehmer an Umschulungskursen in Erscheinung trat, veränderten sich auch die maschinenseitigen Voraussetzungen für die Gestaltung von Programmen laufend. So ließ sich seit den 1950er Jahren kaum je eine Aussage darüber stabilisieren, was ein Computer war, was ein Programmierer zu tun hatte und welcher Art ihre Beziehung war.

Selbstverständlich finden sich sowohl zum Programmieren als auch zum Computer zahlreiche programmatische und kalkulierende Äußerungen. Es fällt nur schwer, darin eine Stabilität in ihrem Verhältnis zu erkennen oder gar einen Trend auszumachen. Denn jede Äußerung zum einen tangierte, ohne es explizit zu erwähnen, immer auch das andere. Für die späten 1950er Jahre kann höchstens festgehalten werden, dass Fortran, Algol und Cobol weitverbreitete Programmiersprachen waren, mit denen hinlänglich monotonieresistente und gemäßigt kreative Programmierer umgehen konnten. Auch das Prinzip des Compilers wurde in den 1950er Jahren selbstverständlich und gehörte zu den Voraussetzungen dafür, dass sich überhaupt Programmiersprachen entwickeln ließen. Vor allem aber wunderte sich gegen Ende des Jahrzehnts niemand mehr, dass die Verlagerung von Sortier- oder Berechnungsaufgaben in den digitalen Computer immer mit einem gehörigen Programmieraufwand verbunden war. Der Flaschenhals des Programmierens, der 1952 am MIT Kopfzerbrechen bereitet hatte, war in einem erstaunlichen Ausmaß selbstverständlich geworden.

Als in den frühen 1960er Jahren die Maschinen von IBM und den so genannten sieben Zwergen Burroughs, UNIVAC, NCR, Control Data, Honeywell, General Electric und Radio Corporation of America (RCA) für immer weitere Anwendungsformen verfügbar wurden, entstand eine große Nachfrage nach allen Formen des Programmierens. Nicht nur das Militär, sondern auch staatliche Verwaltungen, Airlines, Banken, Versicherungen und der Detailhandel warben um Programmierer, die den Automatisierungsbedarf und den hochkonjunkturell beflügelten Rationalisierungsbedarf ihrer Auftraggeber abdecken sollten. Notfalls trainierte man sie mit einer Anfängersprache, die 1964 unter dem Namen *Beginner's All-purpose Symbolic Instruction Code* (BASIC) am Dartmouth College in New Hampshire entwickelt worden war, und ebnete ihnen so den Weg in leistungsfähigere Programmiersprachen.[45]

Einige Programmierer, die von Herstellern ausgebildet worden waren, blieben bei den Kunden hängen. Doch Programmieren

blieb eine für die Entwicklung von Rechnern kritische Tätigkeit
und die Rekrutierung von Programmierern daher ein Dauerthema,
vor allem in Europa.[46] Studiengruppen versuchten, den genauen
Bedarf, geeignete Qualifikationssysteme, Rekrutierungsanreize,
Ausbildungsformen und Beurteilungskriterien auszuarbeiten.
Sie versuchten zwischen Systemanalysatoren, Junior-Systemana-
lysatoren, Programmierern und Codierern zu unterscheiden –
und sahen ihre sorgfältig austarierten Kategorien gleich wieder
kollabieren. Da half nicht einmal der Einsatz von Eignungs- oder
Begabungstests.[47] Der Versuch, eine idealtypische Einteilung des
mit Programmieren beschäftigten Personals vorzunehmen, scheiterte bereits an den stark auseinandergehenden Vorstellungen
davon, was ein Programmierer leisten musste, außer fehlerfrei
möglichst schlanken Code schreiben zu können.

Man wollte sich nicht einmal in der Frage festlegen, ob es nun
besser war, einen »soliden, streng abstrakten, logischen Denker-
typus« mit der Qualität einer »recht guten Arbeitskraft« zu suchen
oder doch lieber auf einen »intuitiv-phantasiereichen Typ« zu
setzen. Der »ideale Programmierer« wäre die Kombination beider
Profile gewesen. Er war »offensichtlich eine seltene Erscheinung«,
wie eine hochkarätig zusammengesetzte holländische Studien-
gruppe feststellte, als sie versuchte, das Programmiererprofil
normativ zu schärfen.[48] Wichtiger als formalisierte Anforderungen an die Programmierer waren formalisierte Programmiersprachen, ihre Dokumentation in Handbüchern, das Erteilen von Programmierkursen und das Rechnen mit einem äußerst vielfältigen
Rekrutierungsfeld. Als Teilnehmer an Programmierkursen sah
man Lehrer und Buchhalter, Hochschulabsolventen mit Doktorat
in Physik oder Mathematik oder auch Elektrotechniker mit einer
besonderen Vorliebe für Computer. Dass in Berufsberatungs-

broschüren auch für den Beruf der Programmiererin Werbung gemacht wurde, verbesserte die Lage auf dem ausgetrockneten Arbeitsmarkt kaum. Auch die Empfehlung eines Lehrers für Programmierkurse, »teaching machine technology« einzusetzen, konnte das Problem der gewaltigen Nachfrage nach Programmierern nicht lösen.[49] Wenn man für die Herstellung von Programmierern, die Computer programmieren konnten, Computer brauchte, die Programmierer zu programmieren vermochten, dann war einfach die Interdependenz zwischen den Rechnern und ihrem Personal besonders groß.

Formatieren

Nachdem das Rechnen in der Blackbox des Computers verschwunden und das Programmieren an wohltrainierte Spezialisten und an die Maschine delegiert worden war, hätte eigentlich die Zeit unbeschwerten Arbeitens im Rechner beginnen können. Das Versprechen, dass »digital computer techniques« alle umfangreichen Aufgaben der Informationsverarbeitung vereinfachen, beschleunigen und verbilligen könnten, war von vielen mit großem Enthusiasmus angenommen worden. Statt bloß auf die große Zahl arithmetischer Operationen zu setzen, rechnete man nun damit, große Mengen an Daten verarbeiten zu können.

George Brown und Louis Ridenour von der International Telemeter Corporation in Los Angeles gehörten zu denen, die skeptisch blieben. 1953 hielten sie programmierbare Lochkartenmaschinen für so weit entwickelt, dass man große Datenmengen auch mit digitalen Rechnern nicht noch schneller bearbeiten könne. Der

kartenprogrammierte elektronische Rechner von IBM beispielsweise habe in Bezug auf die kalkulatorischen Schwierigkeiten alles Wünschbare bereits gelöst; einen digitalen Computer brauche
man eigentlich nicht, denn das Problem liege nicht beim Rechnen, sondern bei den Daten und ihrem Format. Es gebe einfach
keine leistungsfähigen Eingabe- und Ausgabegeräte, die die »Welt
der digitalen Computer« mit der »Welt der Menschen« hätten
»koppeln« können. Hier müsse man sich erst noch einiges einfallen lassen.[50]

IBM hatte 1951 bei der Präsentation ihres *Card-Programmed
Electronic Calculator* ein Anwendungsbeispiel ausgewählt, das in
der Grauzone zwischen wissenschaftlichem Rechnen und Tech-
nikentwicklung lag und mit riesigen Datenmengen zu kämpfen
hatte. Es ging um die Raketensteuerung während eines Testflugs
über 100 Meilen. Entlang dieser Strecke habe der Kunde ganze
Batterien von Kameras und Fototheodoliten aufgestellt, die von
der vorbeifliegenden Rakete hundert Bilder pro Sekunde schos-
sen. Bisher seien diese Bilder einer Gruppe von Rechnerinnen
übergeben worden, die in harter Arbeit zwei Wochen lang Tausende von Bildern auswerteten. Der neue, kartenprogrammierte
elektronische Rechner schaffe das in acht Stunden.[51]

Der diskret erwähnte Kunde zog aus diesem Erfolg nicht den
Schluss, dass kartenprogrammierte Maschinen den Kern des
Problems lösen würden. Jerome J. Dover von der *Edwards Air Force
Base* in Kalifornien meldete 1954 im Ton der Verzweiflung, dass
Daten, die von Uniformierten gesammelt wurden, nicht auto-
matisch uniform seien. Auf Testflügen könne man wirklich nur
»raw uncorrected data« sammeln, und das gelte für alle Experi-
mente der Air Force auf der Hochgeschwindigkeitsbahn oder

7 Die Zähmung der Datenflut vor ihrer Auswertung bei der Erie Railroad
Company 1958

dem Prüfstand für Raketenantriebe.[52] Dazu kamen noch einige
geheime Projekte, die ebenfalls große heterogene Datenchargen
mit sich brachten. Dover stellte, wie bereits Brown und Ridenour,
den Bedarf an schnellen und verlässlichen Input-Methoden fest
und tat kund, man brauche keine schnelleren Rechenmaschinen.
Viel wichtiger schien ihm, die Aufzeichnungen der Messinstru-
mente maschinell in eine Form zu bringen, in der sie zum Beispiel
von einem IBM-Lochkartenrechner oder einer digitalen Rechenmaschine bearbeitet werden konnten.[53] Die Lochkartenrechner
von IBM hätten zwar die Rechenzeit beträchtlich verringert, aber
gleichzeitig das Lesen und Aufbereiten (»processing«) der Daten
zum wahren Engpass gemacht. Er hielt es für unabdingbar, ein
zentralisiertes, automatisches Datenaufbereitungssystem zu ent-

wickeln und Daten in Zukunft so zu erfassen, dass die verarbei-
tende Maschine sie ohne die Hilfe einer Rechnerin lesen konnte.
Damit lasse sich vermeiden, für die Auswertung viele Angestellte
rekrutieren und trainieren zu müssen, die protokollierte Mess-
ergebnisse, automatisch hergestellte Filme und Fotografien oder
als Kurven aufgezeichnete Flugparameter lesen konnten. Eine
kleinere Belegschaft aber bedeute nicht nur geringere Personal-
kosten, sondern vermeide vor allem die ständige »Kontamination« der Testresultate. Denn beim Übertragen der Rohdaten in
ein genormtes Datenformat komme es laufend zu Lesefehlern.
Nur mit einem automatisierten Datenaufbereitungssystem oder
indem man die Rohdaten im einheitlichen, maschinengerechten
Format erfasse, werde das *Air Force Flight Test Center* die gegenwärtige Datenflut überleben.[54]

Datenverarbeitung setzte also Datenverarbeitung voraus. Die
zentrale Maschine, die die unförmigen Rohdaten der Messinstru-
mente und die zweifelhafte Leistung des auswertenden Personals
ersetzen und damit den Weltuntergang verhindern sollte, war
erst noch zu entwickeln. Die Air Force hatte deshalb die *Ralph
M. Parsons Company* in Pasadena gebeten, das Rohdatenproblem zu
lösen. Die Firma schlug nach vielen Berichten eine Wunderkiste
vor, eine »all inclusive and extremely comprehensive black box«.
Sie sollte sowohl analoge als auch frequenzmodulierte und digital
codierte Signale als Input aufnehmen. Daraus würde sie dann
wahlweise digital getippten Output, digital gelochte Karten oder
analoge Signale und Magnetbänder produzieren, die wiederum
als Input für analoge oder digitale Computer zur Verfügung stün-
den.[55] Am Übergang in die Welt der Rechenmaschinen musste
eine große Übersetzungsmaschine stehen. Sie sollte analoge Aufzeichnungen automatisch in das Format diskreter Werte bringen,

damit diese maschinell codiert und verarbeitet werden konnten. Ob die Verarbeitung analog oder digital stattfand, war für die Lösung des Formatierungsproblems zweitrangig.

Es ist müßig, darüber nachzudenken, ob die beauftragte Firma damit das Datenformatproblem gelöst hatte oder nicht. Es ist vielmehr die *Strategie* der Problemlösung, die hier interessiert. Offensichtlich wollte man mit den Daten so umgehen, wie man mit dem (digitalen) Rechnen und dem (digitalen) Programmieren umging. Das hieß nichts anderes, als eine zentrale Maschineninstanz mit Blackbox-Eigenschaften zu schaffen und dafür zu sorgen, dass das Resultat für unterschiedliche Verwendungsformen brauchbar war. Das Formatieren von Daten war mithin die *conditio sine qua non*, um unterschiedlichste Handlungsfelder an die Fähigkeiten des Rechners anzupassen. Die Erfahrung mit der programmgesteuerten Erweiterung der Rechenkapazität zeigte, dass jedes Verarbeiten immer an ein geeignetes Format des Inputs gebunden war. Bei der Air Force hieß das, die Datenmenge auf intelligente, aber maschinelle Weise zu reduzieren, und dafür mussten geeignete Formate entwickelt werden. Man hoffe, so Dover am Ende seines Berichts, dass der limitierende Faktor bei der Auswertung von Testflügen in Zukunft wieder die Verarbeitungskapazität des verantwortlichen Ingenieurs und seiner Mitarbeiter sein werde, und nicht die dürftige Übersetzungsleistung, die gegenwärtig zwischen maschineller Aufzeichnung einerseits und computergestütztem Prozessieren der Daten andererseits erfolge.[56] Darum setzte er nicht auf eine Erhöhung der Rechnerkapazität, sondern darauf, die Heterogenität der Daten durch deren automatische Formatierung zu reduzieren.

Solche Anpassungen im Format betrafen Nutzer, periphere Apparate, Programme sowie die Rechner und ihr Personal. Sie alle

hatten Formatierungsprozesse zu durchlaufen, damit programmgestützte Transaktionen im noch wenig vertrauten Raum des
Rechners in Gang gesetzt werden konnten. Die formalen Regeln
der Programmsprache, das Format von Input- und Output-Daten,
die Zurüstung und professionelle Disziplinierung der Programmierer, das Layout der Anlage und ihrer Schaltungen – all das
musste festgelegten Formaten entsprechen, damit die Rechner
Informationen verarbeiten konnten.[57] Die dadurch veränderten
Geschwindigkeiten führten nicht immer an derselben Stelle zum
Stau. Während beim Flugzeugtest die Heterogenität der Rohdaten ein Hauptproblem darstellte, war es bei den Volkszählern
vor allem die beschränkte Leistungsfähigkeit von Eingabe- und
Ausgabegeräten. James L. McPherson vom *Bureau of the Census* berichtete 1953, dass die verfügbaren Input-Output-Einrichtungen
mit der Informationsverarbeitungskapazität des UNIVAC nicht
Schritt halten konnten.[58] Volkszähler durften zwar recht ein-
heitliche Datenformate erwarten, denn sie hatten ihre Formulare
über viele Jahrzehnte hinweg standardisiert. Aber die Einträge aus
den Umfragen waren eben auf Papier festgehalten und mussten
zuerst in den Computer gebracht werden.

McPherson zeigte auf eindrückliche Art, wie aufwendig sich
diese Arbeit der Verlagerung der Dinge vom analogen in den digitalen Raum gestaltete. Eine Volkszählerin, die gerade an einer
Kampagne teilnahm, notierte die erhaltenen Angaben auf einem
Formular. In einem zweiten Schritt wurden diese Angaben von
einem Angestellten im *Bureau of the Census* in Zahlencodes übersetzt. Dann trat eine weitere Mitarbeiterin des Bureaus auf, die
die Zahlencodes mit einem von Hand betätigten Stanzgerät auf
Lochkarten übertrug. Erst jetzt kam eine automatisch arbeitende
Maschine zum Zug: Die fertig gestanzten Lochkarten wurden mit

8 *Datenverarbeitung vor der Datenverarbeitung: Eine Angestellte des* Bureau of the Census *übersetzt einen Erhebungsbogen ins Lochkartenformat, um 1950.*

einem Kartenlesegerät auf Magnetbänder überschrieben, die dem Rechner erst jetzt den zu bearbeitenden Input liefern konnten.

Schön wäre es, meinte McPherson, man hätte eine Maschine zur Hand, die die ganze Übersetzungssequenz, also das Codieren, das Stanzen, den Medienwechsel von der Karte auf das Band und vielleicht auch noch das Band selbst überflüssig machte. Zusammen mit dem National Bureau of Standards sei man dabei, eine Maschine zu entwickeln, die die Notizen der Volkszähler direkt vom Formular wenigstens auf ein Magnetband übertragen könne. Das bedinge aber einen veränderten Erfassungsvorgang, also ein ganz neu strukturiertes Formular, auf dem nicht mehr Wörter und Zahlen in Feldern, sondern Markierungen an bestimmten Stellen aufgetragen werden. Die Welt konnte nur dann in den Computer gebracht werden, wenn sich die informationelle Verarbeitungsgeschwindigkeit in den Wohnungen und Fabriken dieser Welt erhöhen ließ. Und das war erst möglich, wenn man Wege fand, die Welt anders als bisher zu formatieren.[59]

Die Eingabeprozeduren blieben, wie McPherson zeigte, ein neuralgischer Punkt. Hier finde eben der Übergang statt von der Welt, in der Menschen agierten und die Zeit in Monaten, Tagen und Stunden gemessen wurde, hinüber in die elektronische Welt der Datenverarbeitung, in der die Zeit in Sekunden, Millisekunden und Mikrosekunden davonlief. Das Problem lasse sich vielleicht durch eine verbesserte Mechanik lösen. Eingabegeräte arbeiteten aber wohl nie in vergleichbaren Geschwindigkeiten, wie sie im Innern des »information processing equipment« erzielt würden. Man könne deshalb nur hoffen, dass sich Mittel und Wege fänden, die bisherigen, als äußerst ineffizient empfundenen Eingabeformen zu vermeiden.[60]

Die Volkszähler hätten also gern schnellere Input-Methoden zur Verfügung gehabt, obwohl beim UNIVAC angesichts der bevorstehenden Umzugsarbeiten der Lesegeschwindigkeit bereits eine große Bedeutung beigemessen worden war. Anders als es bei den weitverbreiteten Lochkartenrechnern von IBM denkbar war, setzten Eckert und Mauchly UNISERVO-Magnetbandmaschinen ein und nutzten für die Input- und Output-Prozesse einen Teil der programmierbaren Rechenkapazität ihres Computers. Input und Output sollten automatisch laufen, und deshalb wurden alle Magnetbandaktivitäten von »programmed instructions in the computer memory« ausgelöst.[61] Das bedeutet, dass bereits in den frühen 1950er Jahren das Prinzip der Selbstkontrolle des Computers auch beim Lesen und Schreiben der Daten angewendet wurde. Ein Teil des Inputprozesses war damit rechnergestützt, wie es auch ein Teil der Routinen beim Programmieren war.[62]

Die Bändigung des Computers, also die Nutzung des neuen digitalen Handlungsraums, wurde durch eine von Programmierern umgesetzte formalisierte Instruktionskultur ermöglicht. Grace Hopper, die Mathematikerin aus Yale, die während des Krieges im Dienst der Marine in Harvard gerechnet hatte und maßgeblich an der Entwicklung des UNIVAC beteiligt gewesen war, berichtete darüber 1952 in einem Aufsatz zur Erziehung des Computers. Die Vorzeigedame der durch und durch männlich dominierten frühen Computerwelt war davon überzeugt, dass die Entwicklung von Subroutinen, Standardfunktionen und Formeln die Programmierer davon entlasten werde, den computerspezifischen Instruktionscode zu kennen. Wer einen Katalog lesen könne, wisse, was einem Rechner mitzuteilen sei, um ein Problem zu lösen. »The programmer may return to being a mathematician«, hoffte Grace Hopper.[63]

Die Erfahrungen der Volkszähler und Testpiloten jedoch zeigten, dass die programmierende Zähmung des Computers und die Übertragung bekannter Routinen in den digitalen Raum des Rechners nur gelingen konnten, wenn das Formatierungsproblem gelöst wurde. Dass die uniformierte Mathematikerin Grace Hopper die Formatierung von Daten als Nebensächlichkeit betrachtete und deshalb unterschätzte, relativiert diese Einsicht nicht. Was Hopper während des Krieges und unter dem Befehl von Howard Aiken einst auf der Maschine hatte rechnen müssen, waren eben keine datenintensiven, sondern rechenintensiven Aufgaben gewesen. An der maschinellen Lösung einer Differentialgleichung war nicht der Umfang des numerischen Testmaterials spektakulär, das probehalber eingefüllt wurde, um eine bestimm-

te Variable in einer Gleichung zu errechnen. Der größte Teil der in
Gleichungssysteme einzugebenden Werte ließ sich sogar in den
Rechnern selbst herstellen, mit einem einfachen Zähler, der bei
einem vorgegebenen höchsten oder tiefsten Wert zu zählen auf-
hörte und dann der Maschine mitteilte, sie könne jetzt ihrerseits
mit dem Rechnen aufhören. Aufsehenerregend war bei solchen
Aufgaben also vielmehr die unüberschaubare Masse gleichförmi-
ger arithmetischer Operationen.

Dass das Formatierungsproblem anfangs unterschätzt wurde,
lag nicht allein an der vergleichsweise datenarmen wissenschaftlichen Rechenarbeit der frühen 1950er Jahre. Man hatte bei der
Umorientierung von Rechnern auf kommerzielle, dateninten-
sive Aufgaben angenommen, mögliche Schwierigkeiten beim
massenhaften Sortieren von Daten seien längst gelöst. Seit der
tayloristischen Bürokratisierung von Unternehmen in den ersten
Jahrzehnten des 20. Jahrhunderts hatten sich in großen Firmen
Hollerithmaschinen etabliert.[64] Versicherungen besaßen ganze
Wagenladungen von Lochkarten, auf denen Kundenadressen und
Prämienabrechnungen codiert waren. Banken wären der Masse
von Transaktionen im Devisenhandel oder im Zahlungsverkehr
ohne Lochkartenmaschinen längst nicht mehr beigekommen.
Für die großen administrativen Routinen gab es Sammlungen
gestanzter Steuerungskarten.[65] Es schien ein Leichtes, die Daten
solcher informationsintensiven Firmen nicht mehr nur von Hollerithmaschinen neu sortieren zu lassen, sondern sie in die uni-
velleren digitalen Rechner einzulesen. Wie die Erfahrung mit
den Rohdaten bei den Raketen- und Flugzeugtests der Air Force
oder die mühsame Übertragung von Erhebungsbogen der Volkszähler auf die Magnetbänder des UNIVAC zeigten, hatte man sich
darin getäuscht. Das Fließband, auf dem sortiert wurde, war zwar

bereits eingerichtet und die Auswahl von Lochkarten getroffen worden. Doch vor und nach den Lochkarten galt es immer noch zahlreiche Übersetzungsschwierigkeiten zu meistern, wenn Datenverarbeitung mit schnellen, programmgestützten Rechnern erfolgen sollte. Hierfür war nicht allein entscheidend, wie die Daten formatiert waren, wie die Prozesse programmiert wurden und wie der Computer rechnete. Es war auch eine Frage der Organisation und des Betriebs.

\\ 3 Teilen und Betreiben

Der Verkehr innerhalb des digitalen Raums war von Engpässen gebeutelt. Wurde das Rechnen beschleunigt, stockte es beim Programmieren. Wollte man das Programmieren effizienter gestalten, belastete man die Rechenkapazität oder erhöhte die Formatanforderungen der Daten. Auf der langen Straße vom Formatieren, Codieren, Einlesen und Anordnen der Daten über deren programmgestützte Verarbeitung bis zum lesbaren Resultat bildeten sich zu Hauptverkehrszeiten Staus und Behinderungen, die den im Diagramm so mächtig geplanten Fluss an manchen Stellen zum Rinnsal werden ließen. Stapelverarbeitung (*batch processing*) hieß die wichtigste aller Verkehrsregeln. Sie verlangte, dass alle Daten, die dieselben Verarbeitungsschritte zu durchlaufen hatten, als Stapel geordnet werden mussten, um dann der Reihe nach ohne weitere Eingriffe des Benutzers prozessiert zu werden. Man könnte auch von einer Verzeitlichung des Kapazitätsproblems sprechen. Erst wenn alles richtig aufgereiht war und viele gleichförmige Aufgaben vorlagen, lohnte sich der Einsatz der Maschine.

Dass beim administrativen Rechnen viele Aufträge sorgfältig vorbereitet werden mussten, war wenig überraschend. Dabei mussten die Daten zwar oft nur geringfügig aktualisiert, aber ärgerlicherweise dennoch insgesamt neu zusammengestellt, umkopiert und sortiert werden, bis sie schließlich ordentlich prozessiert und in Berichte abgefüllt werden konnten. Doch selbst wenn die Daten in Reih und Glied standen, wie es sich gehörte, stand die Maschine mitunter still und wartete auf die Ausarbeitung entsprechender Instruktionen, weil für eine bestimmte Auswertung ein neues Programm nötig war. Beide Fälle widersprachen dem Konzept des Fließbands, bei dem minimale, repetitive Operationen mit genormten Einheiten in ungestörter Ordnung und großer Geschwindigkeit aufeinander folgten und zu einheitlichen Produkten wurden. Es wurde also Zeit, sich beherzter um die Organisation von ganzen Computeranlagen zu kümmern.[1]

Die Frage nach der Organisation aber betraf die grundlegenden Strukturen des digitalen Raums, von den funktionalen Zuständigkeiten über die prozeduralen Regeln und die Interaktion von Teilsystemen bis hin zur Architektur ganzer Anlagen.[2] Es galt, Klarheit darüber zu gewinnen, wie autonom die automatisierten Verarbeitungsprozesse sein konnten, wie über Prioritäten entschieden wurde und welche Interaktionen zwischen Maschinenkomponenten, Daten, Nutzern oder Programmen zugelassen werden sollten.

Ein ins Stocken geratenes Automatisierungsprinzip zwingt zum Nachdenken darüber, ob die Mittel den Zielen angemessen sind. Man muss über neue organisatorische Prinzipien diskutieren. Angesichts der hohen Kosten, die eine Computeranlage verursachte, war es kaum zu verantworten, dass sie die Zeit mit Warten verbrachte. Für Hochschulen und die rechnenden Teile der Armee, die wenig Rücksicht auf die Mechanismen des Marktes nehmen mussten, mochte eine gewisse Nonchalance gegenüber Effizienzerwartungen angehen.[3] Aber Unternehmen, die ihre Verwaltungen in den Rechner verlegen wollten, um ihre Geschäftsvorgänge zu beschleunigen, mussten sich dem Problem stellen.

Wenn Verwaltungen in Zukunft wie Fabriken automatisiert werden und dafür einen veritablen Maschinenpark einsetzen sollten,
dann war es nur folgerichtig, die Maschinen wie Fabrikations-
anlagen zu beurteilen. Die effiziente Organisation des Rechners
wurde deshalb zwangsläufig auch zu einer ökonomischen Frage.[4]

Das in der Industrie und in Dienstleistungsbetrieben wohlvertraute Kosten-Nutzenverhältnis von Maschinen ließ sich er-
fahrungsgemäß verbessern, wenn Maschinen statt auf einen
bestimmten Auftrag zu warten andere Arbeiten erledigten. Das
galt auch für die Rechner. Sie konnten beim Warten beispielsweise Karten sortieren, andere Files umkopieren und diese dann
– gewissermaßen auf der Überholspur und mit Hilfe einer Ma-
gnetbandaufzeichnung – der Verarbeitung mit den inzwischen
angepassten Programmen zuführen. Eine solche Flexibilisierung
der Verkehrsverhältnisse ließ sich aber nur etablieren, wenn von
der wörtlichen Übersetzung herkömmlicher Datenverarbeitungs-
formen in den digitalen Raum abgerückt wurde, wenn die Organisation im digitalen Raum also eigenen Regeln zu folgen begann
und vertraute Abläufe dank einer erhöhten Binnenkomplexität
der Rechner umgestaltet werden konnten.

Teilen

Computerspezialisten scheinen erst in der zweiten Hälfte der
1950er Jahre den Mut gefunden zu haben, sich kommerzielle Da-
tenverarbeitungsanlagen nicht mehr als Fließbandanlagen vorzustellen.[5] Im Großen und Ganzen gehöre die rechnergestützte
Behandlung von Geschäftsdaten eher in den Bereich der Akten-

pflege, meinten Murray L. Lesser und John W. Haanstra im Dezember 1956 mit einem spitzen Unterton. Die beiden IBM-Entwicklungsingenieure verschafften sich mit dieser rhetorischen Verharmlosung etwas Luft, um ihr eigentliches, großes Argument zu lancieren. Was Firmen auf digitalen, programmierbaren Rechenanlagen taten, sei nichts anderes als eine »file-maintenance operation«. Der größte Teil der Computerzeit werde nicht fürs Rechnen oder für die Herstellung eines neuen Berichts verwendet, sondern für das Arrangieren der Daten.[6] Wenn die Bedingung wegfallen würde, dass Informationen in einer vorbestimmten seriellen Ordnung abzulegen seien, wenn sie also von jeder beliebigen Speicherstelle separat abgerufen werden könnten, um verarbeitet zu werden, dann könne man auf das Prinzip der Stapelverarbeitung verzichten und alle Jobs immer gerade dann erledigen, wenn sie zu erledigen waren.

Einen solchen Umgang mit Daten nannten sie *random access*: Um Einträge zu korrigieren, sie zu ergänzen und neu zu ordnen, sollte jederzeit auf eine beliebige Stelle im Speicher zugegriffen werden können. Daten wären dann nicht mehr zwingend als Stapel der Maschine zuzuführen. Mit dem beliebigen Zugriff auf irgendeine Stelle im Speicher würden sich einzelne Elemente aus den dort vorhandenen Referenzfiles auslesen lassen, und zwar in der Reihenfolge, die vom neuen Input oder vom aktuellen Verarbeitungsprozess verlangt wurde. »Theoretisch«, so Lesser und Haanstra, »kann eine Maschine gebaut werden, welche eine einzelne Buchung (›transaction record‹) aufnimmt und sie bis zum Drucker durchträgt.« En *passant* könnten auch noch die dazugehörigen Datensätze im Speicher der Maschine aktualisiert werden.[7] Denn jetzt könne, so Lesser und Haanstra, die Verarbeitung einer Buchung immer im selben Moment stattfinden, in dem sie anfalle.

Die für die Verarbeitung benötigte Zeit sei in diesem System unabhängig davon, ob noch weitere Buchungen vom gleichen Typ
folgten oder nicht. Homogene Stapel boten mit anderen Worten
keine Effizienzgewinne mehr. Eine *random-access*-Maschine hielt
also ein Datenangebot für *ad hoc*-Zugriffe auf einer rotierenden,
magnetisch beschichteten Trommel im Rechner bereit.

Dieser Wechsel im Konzept schlug sich auch darstellungs-
technisch nieder. Das Diagramm für jene herkömmliche Datenverarbeitung, gegen die Lesser und Haanstra anschrieben, sah
aus wie der Grundriss einer Fabrikationsanlage, durch die ein
Fließband führt. Im Diagramm einer Anlage, die mit *random access*

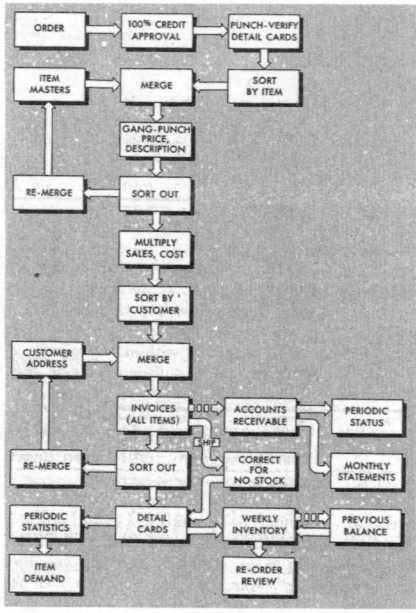

Diagramm 1

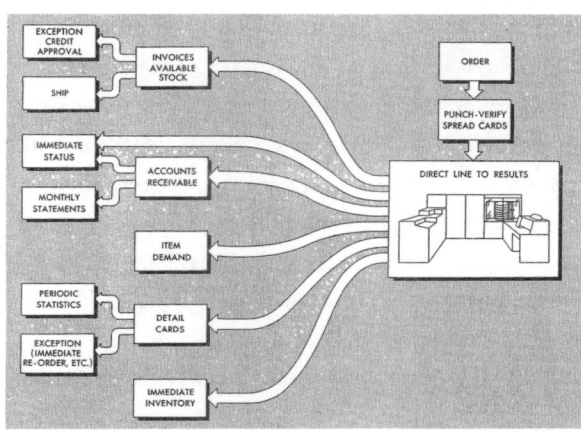

Diagramm 2

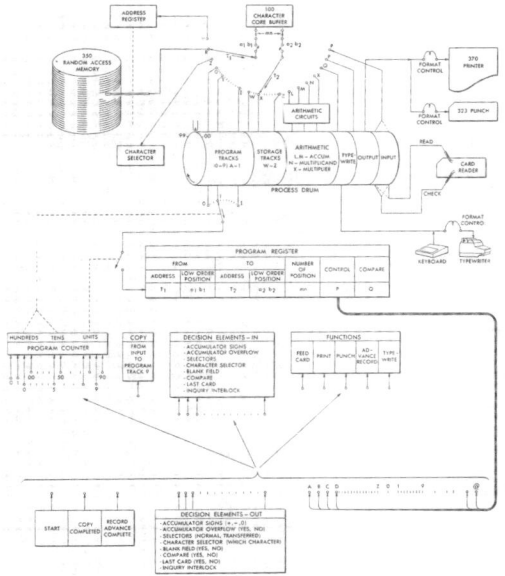

Diagramm 3

9 Random access: Die Emanzipation vom Fließband als Komplexitätsverschiebung

arbeitete, war das Fließband dagegen kaum mehr zu erkennen. Wollte man die Dinge wirklich im Fluss halten, dann musste man mit anderen Worten auf das Fließbandkonzept verzichten und die Binnenkomplexität der Anlage erhöhen: Außerhalb der Maschine sollte es fortan nur noch eine einzige Eingabestation geben, auf der Lochkarten mit zusätzlichen Daten hergestellt wurden. Dann sollten die Daten ohne weiteren Schritt fürs Sortieren und Arrangieren sofort verarbeitet und die Ergebnisse in eine Fülle unterschiedlicher Ausgabetypen überführt werden.[8]

Was mit der graphisch eliminierten Komplexität der Anlage geschehen war, sah man in einem dritten Diagramm, das der Systemorganisation gewidmet war. Der Blick in den Rechner zeigte ein Schema, bei dem die Maschine an unzähligen Stellen entscheiden musste, was mit dem konkreten Auftrag passieren sollte. Organisatorisch gesprochen wurde die Maschine damit zur Instanz, die über Verarbeitungsschritte, Prozeduren des Lesens, der Transformation und des Aggregierens entschied und Aufgaben der Aktualisierung und der Ausgabe maschinenintern verteilte.[9]

Was IBM mit dem *random-access*-Konzept vorgestellt hatte, war verheißungsvoll. Der Flaschenhals an der Pförtneranalage zum digitalen Raum sollte durch eine Flexibilisierung der Prozeduren und eine rechnerinterne Verteilung der Daten überwunden werden. Für die Überwindung eines zweiten Engpasses, der beim Programmieren entstand, setzte man wenig später ebenfalls auf das Prinzip des Aufteilens. Allen Bemühungen zum Trotz, Programme möglichst mehrfach zu verwenden, musste gerade im »universellen« Computing eigentlich laufend (um-)programmiert werden. Ständig waren neue Berichte an die Unternehmensleitung, die Personalabteilung oder die Lagerbewirtschaftung notwendig; jeder dieser Berichte machte eine spezielle Verknüpfung der Daten erforderlich, beobachtete andere Produkte oder berücksichtigte veränderte Regeln bei den Lohnabrechnungen. Arithmetisch mochte das banal sein – den Code für das Programm galt es dennoch zu schreiben und zu testen. Diese Programmiererei war mit einer aufwendigen Fehlersuche verbunden. Jeder noch so kleine Verstoß gegen die Rechtschreibregeln der Programmiersprache musste gefunden und korrigiert werden, und jedes Mal musste anschließend das Programm getestet werden. Das blieb eine langwierige Arbeit, bei der ein Rechner – wenn überhaupt – immer nur ganz kurze Zeit beansprucht wurde und nichts anderes tat, als geduldig auf weitere Programmversionen des Programmierers zu warten, während andere Programmierer ebenfalls warteten, nämlich darauf, dass die Eingabekonsole des Rechners endlich frei wurde.

An diesem Punkt setzte die das Programmieren betreffende zweite Bewegung an, mit der sich die Computerwelt von ihrem selbstverschuldeten Fließbandkonzept emanzipierte. Die Emanzipationsbewegung machte sich Ende der 1950er Jahre bemerkbar, als Systementwickler wie John McCarthy für wartende Programmierer und Rechner auf das Prinzip des Time-Sharing setzten.[10] Wenn die Nutzer von Rechnern nur einen kleinen Teil der Zeit, die sie an der Konsole verbrachten, auch wirklich rechneten, sollte man vielleicht die Zahl der möglichen Nutzer erhöhen, indem man ihnen den Zugriff auf den Rechner immer nur bei akutem Rechenzeitbedarf gewährte. Während also ein Programmierer über seinen Fehlern brütete oder sich neue (fehlerhafte) Instruktionen ausdachte, konnte man den Rechner gut und gerne einem anderen Nutzer überlassen. Kein Programmierer sollte warten müssen, nur weil ein anderer gerade Luft holte und Vorbereitungen zum eigentlichen Rechnen traf. McCarthy

Solving a queuing problem

University of Michigan students line up for a go at the 7090. Soon, they'll have time-sharing

At the University of Michigan during the winter trimester, 2,084 students enrolled in 133 different courses used the University Computer Center to complete course assignments. As a result, the line-up at the computer window last month was longer than the queue at the ticket window of the local movie.

The Computer Center staff at Michigan thinks the line-ups will disappear late next year when its 7090/1410 computers are replaced by a System/360 time-sharing computer (page 8). Michigan plans to expend its time-sharing computer capacity in steps until it will be able to handle 200 remote terminals simultaneously. With the new computer, turn-around time for a typical student problem will be a matter of seconds. Now, at busy periods, it's an overnight wait.

10 *Schlange vor dem Schalter des Rechenzentrums der Universität Michigan 1965 – Time-Sharing als Versprechen, die sichtbare Wartezeit zu reduzieren*

hat in seinem Memorandum über Time-Sharing von 1959 computerhistorisch argumentiert und damit eine neue rhetorische Geste ins Spiel gebracht: Ursprünglich seien Computer mit der Idee entwickelt worden, dass sie für die Lösung allgemeiner Klassen von Problemen verwendet werden könnten und Rechenzeit eingesetzt würde, um Standardprogramme mit immer neuen Datensätzen laufenzulassen. »Diese Sicht unterschätzt die Vielfalt der Anwendungen, für die Computer eingesetzt werden.«[11] Die gegenwärtige Situation gleiche vielmehr dem anderen Extrem, bei dem jeder Nutzer der Maschine ein eigenes Programm schreibe und es, wenn endlich alle Fehler behoben seien, nur ein einziges

Mal laufenlasse. Das bedeute, dass die Zeit, die man zur Lösung eines Problems brauche, hauptsächlich fürs »Debugging«, also für die Fehlersuche eingesetzt werde. Zwar würden bessere Programmsprachen wie Fortran, LISP oder COMIT helfen, das Programmieren zu verflüssigen. Eine weitere große Beschleunigung sei jedoch nur über eine kürzere Antwortzeit des Rechners zu erzielen.[12]

Im Juli 1961 meldete der *Science News-Letter* euphorisch, einzelne Computer könnten schon bald mehrere Firmen bedienen. John McCarthy und andere entwickelten am MIT eine Methode, um mit *einem* elektronischen Hochleistungsrechner *gleichzeitig* an mehreren Problemen für mehrere Nutzer zu arbeiten. Das werde, so der *Science News-Letter*, ein großer Schritt hin zum Aufbau von Rechenzentren sein, die über Telefonleitungen Daten erhalten und ihren Kunden Wetter-, Konjunktur- oder andere Prognosen übermitteln könnten.[13]

Ganz auf dem aktuellen Stand war dieser Artikel nicht. McCarthy hatte das MIT inzwischen verlassen, um seine eigene Zeit mit der Stanford University zu teilen. Dennoch blieben seine bisherigen Mitstreiter am MIT in Sachen Time-Sharing am Ball. Die Interaktionsrate zwischen Programmierer und Computer müsse, ohne große wirtschaftliche Verluste, drastisch erhöht werden. Außerdem müsse jede einzelne Interaktion aussagekräftiger (»more meaningful«) werden. Ihre Bedeutung sollte durch ein komplexeres Systemprogramm verdichtet und damit die Kommunikation von Mensch und Maschine erleichtert werden, hielten Fernando Corbató und seine Kollegen 1962 bei der Beschreibung ihres experimentellen Time-Sharing-Systems fest.[14]

Im Mai 1963 filmte der MIT-Wissenschaftsreporter John Flinch eine Reportage mit dem Titel: »Timesharing: A Solution to Com-

puter Bottlenecks«[15]. Erzähltechnisch war sie ein Desaster. Was
der Titel elegant versprach, vernebelte der Bericht. Gewiss, der
Wissenschaftsreporter hatte das meiste begriffen, doch von den
Fragen, die er an Corbató richtete, wurden die wenigsten direkt
beantwortet. Der Computerspezialist stand an einer Wandtafel,
zeichnete Kästchen und Kreise, ärgerte sich über abbrechen-
de Kreide und hörte nicht auf, die Symbole mit Zahlen zu be-
schriften und bei jeder kleinen Nachfrage von John Flinch ganz
grundsätzlich zu werden. Da müsse er ein wenig ausholen, sagte
Corbató öfter, denn man könne das nur verstehen, wenn man
wisse, was ein Computer sei und wie er funktioniere.[16] Da die
Arbeit am Time-Sharing-Konzept aber gerade beides zum Problem machte, nämlich die Frage, was ein Computer war, und die
Frage, wie er funktionierte, musste Flinch Corbató immer wieder
zur ursprünglichen Frage zurückholen oder sie gleich selbst beantworten. Aber auch Corbató war nicht zu beneiden. Wie Lesser
und Haanstra bei der Erklärung von *random access* musste auch er
bei seinen Erklärungen auf ein Computermodell zurückgreifen,
das es zu überwinden galt. Der geplante Umbau ließ sich nur be-
gründen, wenn das alte Modell erklärt wurde, um das es gerade
nicht ging.[17]

Dennoch blieben von Corbatós Bemühungen zwei einpräg-
same Bilder und eine kluge Regel hängen. Das erste Bild setzte
nicht bei der Systemarchitektur und den Engpässen der Prozesse
an, sondern ging von der Perspektive der Nutzer aus.[18] Für Corbató waren sie es, die viel zu lang auf die Maschine warten mussten.
Um das Interaktionsproblem zu lösen, wollte er den Computer
gleichzeitig für viele Teilnehmer verfügbar halten und erklärte,
das sei nichts anderes als das Verhältnis zwischen einem Telefonanschluss und der Telefonzentrale. Jeder Nutzer solle einen ei-

genen Apparat, eine eigene Konsole bedienen können und sich nicht um die Aktivitäten anderer User kümmern müssen. Für Letzteres wäre allein die Zentrale zuständig.[19]

Der von Rechnern verwaltete digitale Raum wurde also neu eingeteilt, die Zuweisung von Ressourcen flexibilisiert und ihre Auslastung insgesamt verbessert. Oder anders formuliert: Die Verkehrsleistung wurde durch einen Ausbau der Warteräume bei gleichzeitiger Verdichtung des Binnenverkehrs im Rechner erhöht. Dafür benötigte man einen geeigneten Mechanismus, um den akuten Rechenbedarf eines jeden Nutzers anzumelden und ein gerade laufendes Programm eines anderen Nutzers für kurze Zeit anzuhalten. Am MIT arbeitete man dafür mit einem (virtuellen) Supervisor, der den rechnerinternen Verkehr regelte und überwachte, den einen Nutzern Rechenzeit zuwies und andere auf Wartepositionen rückte. Corbató wechselte, um dies zu veranschaulichen, vorübergehend in die Perspektive des Rechners. Für den Rechner verwendete er das Bild eines professionellen Schachspielers, der simultan gegen mehrere schwächere Gegner antrat. Seine Züge waren schnell erledigt und der erste Spieler schon wieder schwer am Nachdenken, wenn sich der Rechner bereits dem nächsten zuwandte. Wer besonders lange nachdenken musste, wurde sogar übersprungen und kam erst wieder ins Spiel, wenn er seinen Zug endlich gemacht hatte.

An dieser Stelle kam Corbató wieder auf die Perspektive des einzelnen Nutzers zurück. Dieser saß beispielsweise im Rechenzentrum an einer Kugelkopfschreibmaschine, die mit dem Computer verbunden war, und las ein auf Endlospapier gehämmertes Resultat, eine Fehlermeldung oder eine Frage des Rechners. Sobald der Nutzer wusste, wie der nächste Befehl lautete, haute er ihn in die Tastatur und betätigte die Eingabetaste. ENTER. Da-

mit war der Computer wieder an der Reihe und reagierte bei der
nächsten Gelegenheit.

Corbató wollte so erklären, dass Nutzer im Time-Sharing-Modus weniger lang warten mussten, weil sich der Rechner lediglich
dann um sie zu kümmern brauchte, wenn sie gerade die ENTER-
Taste betätigt hatten und ihr Nachdenken ein vorübergehendes
Ende gefunden hatte. Nur wer dem Rechner eine besonders aufwendige oder schwierige Aufgabe vorsetzte, musste damit rechnen, dass sich die Antwort etwas verzögerte. Das hatte mit einer
klugen Regel für die Herstellung von Verteilgerechtigkeit zu tun,
die man sich am MIT hatte einfallen lassen und auf die man besonders stolz war. Nicht die anspruchsvollsten Rechenaufträge,
sondern die kleinen Routinearbeiten wurden prioritär behandelt.
Denn auf diese Weise reduzierte sich die Zahl der Wartenden viel
schneller, als wenn man die großen und gewichtigen Anfragen
für Rechenzeit privilegiert hätte.[20]

Time-sharing war weit mehr als nur die Überwindung des
Flaschenhalses beim Zugang zur Rechenkapazität. Lange bevor
sharing zu einer sozioökonomisch attraktiven Leistung rechnergestützten Handelns und Interagierens wurde, zeigte das MIT-
Projekt, dass sich die Ressourcen, die der digitale Raum anbieten
konnte, durch geeignete organisatorische Maßnahmen fast wun-
dersam vermehren ließen. Damit wurde aus dem beeindruckend
sturen Computer ein Instrument für Flexibilität. Das gelang aber
nur unter einer Voraussetzung. So, wie *random access* eine Reorga-
nisation des Rechners voraussetzte, damit die Daten in beliebiger
Reihenfolge verarbeitet werden konnten, setzte auch Time-Sharing organisatorische Maßnahmen voraus, damit die Nutzer in
beliebiger Reihenfolge mit dem Rechner interagieren konnten.

Abgesehen von der Koordinationsleistung des Supervisors,

dessen Rolle für Time-Sharing unabdingbar war und auf dessen
Generalisierung ich gleich zurückkommen werde, produzierte
Time-Sharing zwei weitere, ganz große und weitreichende Fra-
gen, über die viel geredet werden musste.[21]

Die Vervielfältigung der Konsolen oder Terminals, die an einem Rechner hingen, brachte zunächst die Frage nach der Interaktivität auf und machte sie für Jahrzehnte zum Brennpunkt or-
ganisatorischer Entwicklung. Nicht umsonst hatte Corbató sein
System mit einer Telefonzentrale verglichen. Das soziotechnische
Problem der Kommunikation mit dem Computer bzw. über ihn
stellte sich von dem Moment an ganz besonders scharf, als man
nicht nur die Zahl der Konsolen an einem Computer erhöhte, sondern gleichzeitig auch mit deren Distanz zum Rechner zu spielen
begann. Irgendein Kabel musste vom Arbeitsplatz der Nutzer und
Nutzerinnen zur Maschine führen, um Anfragen und Antworten
übermitteln zu können. Die Frage war nur, ob diese Leitung noch
als Teil der internen Verkabelung zu betrachten war oder ob es
sich bereits um einen Bestandteil der telekommunikativen Er-
schließung von Rechnern handelte.[22]

Die zweite, nicht minder weitreichende Frage schloss daran
unmittelbar an. Ließ sich die rechnergestützte Datenverarbeitung
der universellen Rechner über kurz oder lang als »utility«, als Infrastruktur begreifen? Und wie zentralistisch hatte man sich deren Anlage und Organisation vorzustellen?[23] Die Frage nach der
Organisation des Rechners und damit seines Betriebs war spä-
testens mit der Bearbeitung der Probleme von *random access* und
Time-Sharing auch eine Frage der Betriebsform und des Betriebssystems.[24]

Betreiben

Im experimentellen Betrieb des Time-Sharing-Systems am MIT
war der Supervisor eine entscheidende Figur. Er war es, der den
Verkehr im Rechner regelte, der Rechenzeit und Speicherplatz
vergab; er legte die Bewegungsfreiheit der einzelnen Nutzer fest.
Die steigende Zahl an Inputs und Outputs im kommerziellen
Computing mit seinen massenhaften, aber kleinen Rechenvor-
gängen, sowie die beim Programmieren im Time-Sharing-Modus
anfallende Interaktivität stellten den Computerbetrieb vor ganz
neue Regulierungsbedürfnisse. Die Maschine musste zustands-
abhängige Entscheidungen fällen können, und diese waren an
flexible, aber sichere Verfahren zu koppeln. Metaphorisch gesprochen wurde im digitalen Raum eine Verwaltung geschaffen. Sie

11 Tom Kilburn und seine Kollegen mimen die erwartungsvolle Spannung,
die sich 1961 aus der Überwachung des Atlas Supervisors ergab.

wägte Nutzungsansprüche, Zugriffsrechte, Ausbeutungsformen
und Rechenschaftspflichten gegeneinander ab und regelte das
systemkonforme Zusammenspiel von Hardwarekomponenten,
Daten, Anwendungsprogrammen, peripheren Apparaturen und
Nutzern.

Um mit diesem Problem umzugehen, haben Computerwissen-
schaftler seit den frühen 1960er Jahren auf Abstraktion gesetzt
und Betriebssysteme entwickelt.[25] Diese sollten eine generali-
sierte und abstrakte Sicht auf alle Teile eines komplexen Systems
erlauben. Die Notwendigkeit von Betriebssystemen wurde damit
begründet, dass die Zuweisung von Speicherplatz und Rechenkapazität aufgrund ökonomischer Zwänge optimiert werden müsse. Sie waren also eine Antwort auf das Problem relativer Knapp-
heit.[26]

So ökonomisch die Begründungen für die Organisation von
Rechnern jeweils ausgefallen sind, so politisch war das, was Betriebssysteme zu leisten hatten.[27] Betriebssysteme waren die pro-
grammierte Policy, die im Rechner galt. Sie sagten, was erlaubt
war und was nicht, und sie überwachten die Einhaltung der von
ihnen festgelegten Regeln. Um diese Regierungsleistung von Betriebssystemen zu würdigen, muss man sie in *statu nascendi* beobachten, also in der Zeit ihrer Entwicklung, bevor sie selbstverständlich geworden sind. Als Beispiel dient mir die Beschreibung
eines Betriebssystems für den »Atlas«[28] genannten Rechner an der
Universität Manchester, die bei Macmillan unter dem schillern-
den Titel »Computers. Key to Total Systems Control« erschienen
ist.

Es ging, wenn man Anfang der 1960er Jahre über Rechner
schrieb, offenbar um zwei Kontrollbedürfnisse gleichzeitig. Erstens musste das System der Maschine selbstverständlich so orga-

nisiert werden, dass sich im digitalen Raum immer das abspielte, was sich die analoge Welt von ihm gerade versprach. Und zweitens ließ sich die Strukturbildung in der Maschine als Schlüssel für das Verständnis solcher Organisationen verstehen, die möglicherweise in einen Rechner verlegt werden sollten. Wer sich in einem Text solch grundlegender Probleme annahm, wollte keine kleinen Brötchen backen und zögerte deshalb nicht, gleich im Titel das zwiespältige Wort »total« vor »systems control« zu setzen. Ob die Kontrolle des Systems damit eher umfassend und vollständig sein sollte, oder ob sie sich nach Ansicht der Autoren durchaus ins Autoritäre, wenn nicht gar ins Totalitäre verschieben durfte, muss offenbleiben. Ebenso unklar ist, wer hier als handelndes Subjekt angesprochen ist und als Souverän den Ausnahmezustand bestimmen kann – das System, das alles kontrolliert, oder jene, die das System kontrollieren? Auf jeden Fall war die vielschichtige Formulierung programmatisch gemeint und zielte auf die Festlegung von Zuständigkeiten.[29]

Wie Fernando Corbató am MIT führten auch die Autoren des Berichts über den Rechner in Manchester eine Instanz ein, die sie zunächst Supervisor nannten, um diesen dann im umfassenderen Begriff des Betriebssystems aufgehen zu lassen. Alle Aktivitäten des Systems, so Kilburn, Payne und Howarth, würden von diesem Supervisor kontrolliert.[30] Er werde häufig und aus einer ganzen Reihe von Gründen aktiv und laufe auf demselben Rechner wie die Anwendungsprogramme. Allerdings gebe es einen wechselseitigen Schutz zwischen den prozeduralen Handlungsebenen des Rechners und seiner Regulierungsinstanz, die aus vielen, normalerweise ruhenden Zweigen bestehe. Wachrütteln müsse man die Aufsicht beispielsweise, wenn ein Datentransfer zwischen unterschiedlichen Speichern anstand, wenn bei der Berechnung eines Exponenten etwas schiefgelaufen war, wenn Speicherplatz überbelegt wurde oder wenn die Rechenzeit nicht ausreichte. Alle Programme könnten den Supervisor anrufen und eine seiner 250 Subroutinen aus dem Kernspeicher beanspruchen. Die Beziehung zwischen System und Programmen blieb jedoch nicht auf solch einseitige Notrufe der Programme beschränkt. Das System war auch in der Lage, Programme einfach zu unterbrechen (*interrupt control*) und sich Zugriff auf den für einen Nutzer gerade reservierten »privaten« Speicherraum zu verschaffen, wenn die Systemstabilität dies erforderte oder wenn periphere Equipments zum Einsatz kamen.

Das Verhältnis von unterschiedlichen Speichertypen, Instanzen und Kontrollbefehlen zueinander behandelten Kilburn und seine Kollegen in einem separaten Kapitel über die Koordination von Routinen. Hier ging es um die logische Struktur, die zeitökonomische Effizienz und die regelförmige Interaktion des Systems und seiner Teile. Die Autoren beschrieben ein sorgfältig durchdachtes Ensemble von Regeln, das den interagierenden Komponenten des Systems jene Freiheitsgrade sicherte, die sie benötigten, sie gleichzeitig aber auch vor unerlaubten Übergriffen schützte. Die Policy war in diesem Moment auch Polizei.

All das fasste man schon wenige Jahre später ganz selbstverständlich unter dem Begriff »Betriebssystem« oder »operating system« zusammen. Es ist deshalb auffällig, dass in der Beschreibung des Systems des Atlas-Computers auf das Struktur- und Koordinationskapitel jeweils ein ganzes Kapitel zur Speicherorganisation, zu den Magnetbandroutinen und zu den von Operateuren bedienten peripheren Geräten folgte und danach auch noch ein eigenes Kapitel zum »Operating System« kam. Ein Betriebssystem brauchte offenbar auch rhetorisch eine große Vorlaufzeit: 1962 bildete das Betriebssystem noch keinen stabilen, hinreichend eigenständigen und umfassenden Begriff; es ließ sich auch vom Supervisor her denken. Darum stand dieser und nicht das Betriebssystem im Titel des Aufsatzes.

Schon in naher Zukunft sollte sich das ändern, und dafür gab es gewichtige Gründe. Das Betriebssystem musste zum Oberbegriff werden, weil es ein umfassendes, auf die ganze Anlage verteiltes Regime oder Dispositiv von abstrakten Regeln bezeichnete. Die Vorstellung eines klugen Regelwerks, das allen involvierten Akteuren hinreichende Freiräume verfügbar hielt, Erwartungen stabilisierte und nicht aus dem Gleichgewicht geraten konnte, zeichnete sich bereits im Text von Kilburn und seinen Mitautoren ab. Denn kaum war, wenn auch etwas spät, tatsächlich vom Betriebssystem die Rede, wurde seine Bedeutung sofort und direkt mit dem Zweck der gesamten Anlage in Verbindung gebracht. Mit ihr lasse sich eine große Vielfalt an Problemen behandeln – von kleinen Aufgaben, für die es keine Daten außerhalb des Programms selbst gebe, bis zu großen Jobs mit mehreren Datenquellen, die vielleicht von verschiedenen Apparaten und Datenträgern eingelesen werden müssten.

Das Dispositiv des Betriebssystems von Atlas orientierte sich stark an Zuweisungssicherheit und Effizienz des Verarbeitungsvorgangs. Wenn die verfügbare der nachgefragten Rechenkapazität entsprach, verkürzte das die Warteschlangen, und der Arbeitsspeicher war nach getaner Arbeit aufgeräumt. Dieser »regulatorischen Wirkung« des Betriebssystems entsprach der Aufbau einer eigenständigen Rechnerverwaltung. Denn schließlich ist Herrschaft im Alltag schon immer als Verwaltung in Erscheinung getreten: Das Betriebssystem produzierte Informationen, die es für die Beherrschung des Systems nutzen konnte. Wie oft

wurde das Programm gewechselt? Wie viele Instruktionen verarbeitete das System? Wann musste es auf welchen Speicher
zugreifen? Wie lange dauerten das Einlesen von Daten und das
Drucken von Ergebnissen? Wurden Magnetbänder aufgerufen,
ausgelesen und neu beschrieben? Das alles und noch mehr wurde
in einem Tagebuch oder Logfile notiert, das die Grundlage für die
Berechnung der anteilmäßigen Kosten für verbrauchte Maschi-
nenzeit darstellte. Die Einträge im Logfile wurden ausgedruckt,
damit die Operateure die verbrauchte Rechenzeit überprüfen und
sie den Nutzern in Rechnung stellen konnten. Die prekäre Ökonomie des Rechners führte zur systematischen Überwachung des
Betriebs durch ein Betriebssystem, dessen Aufzeichnungen als
contre rôles zur Bestimmung individueller Betriebskosten dienten.

Nur die Generalisierung von Instruktionen, also die Erarbei-
tung von Routinen und Regeln des Betriebs im Allgemeinen und
des Time-Sharing im Speziellen, konnte den Wert der Anlage
sichern. Und das hieß zunächst einmal, bei der Entwicklung von
großen Betriebssystemen anzusetzen. Dort allerdings wurde die
Lage sehr schnell sehr unübersichtlich. Rund 5000 Mannjahre
soll die Entwicklung von OS/360 bei IBM gekostet haben.[31] Auch
die unter der Federführung des MIT erfolgte Entwicklung eines
»Multiplexed Information and Computing Service« bedeutete ein
langjähriges Engagement der beteiligten Firmen. Mit Hilfe von
MULTICS sollte in Boston ein erstes zukunftsweisendes regio-
nales Rechenzentrum mit ausdifferenziertem Time-Sharing betrieben werden.[32] Beide Betriebssysteme, OS/360 und MULTICS,
rechneten mit äußerst dynamischen Anforderungen, beide Projekte mussten ein höchst anschlussfähiges, aber auch zukünftige
Anwendungen antizipierendes System entwickeln, das mehrere
Jahre Entwicklungszeit brauchte und dennoch in einem sich ra-

sant verändernden Kontext für die Stabilität seiner Prozeduren sorgen sollte. Während IBM ein einziges Betriebssystem für alle eigenen Produktlinien entwickeln wollte, verfolgte MULTICS das Ziel, eine möglichst breite Palette an Nutzern bzw. deren Mensch-Maschinen-Interaktionen rund um die Uhr zu unterstützen. Die Anforderungen reichten, wie Corbató und Vyssotsky in einem programmatischen Text von 1965 festhielten, »von mehrfachen Mensch-Maschinen-Interaktionen« über die sequenzielle Abarbeitung von Aufträgen externer Nutzer bis zum Einsatz des Rechners für die Arbeit am Systemprogramm selbst und vom Betrieb zentraler Karten- und Bandlesegeräte bis zu den »remotely located terminals«.[33]

Atlas, MULTICS und OS/360 verfolgten drei verschiedene Ziele für ihre Betriebssysteme. Beim Atlas regelte man in erster Linie eine Vielfalt von Programmen, bei MULTICS eine Vielfalt an Nutzern und mit OS/360 eine Vielfalt von Maschinen. Allen drei Strategien war jedoch gemeinsam, dass sie die Interaktion von Komponenten verwalteten, Rechte verteilten, Rechenzeit und unterschiedliche Speicher zuwiesen und diese Aktivität für den Betrieb der Maschine protokollierten.

Die Arbeiten an der Schnittstelle zwischen Nutzern und Maschine und das gesteigerte Raffinement bei Speicherzugriff und Kapazitätsmanagement dürfen nicht von der Tatsache ablenken, dass für die Verlagerung der Welt in den Computer gewaltige Umbauten und Umdeutungen notwendig waren, die diese Welt im Innersten betrafen. Einer der prominentesten Soziologen des späten 20. Jahrhunderts hat sich in seiner 1966 publizierten Habilitationsschrift mit diesem Problem auseinandergesetzt und daraus theoriegeschichtlich interessante Schlussfolgerungen für sein Nachdenken über Gesellschaft und soziale Systeme gezogen.

Im Vorwort zu seiner Abhandlung über die »Automation der öffentlichen Verwaltung« bezeichnete Niklas Luhmann die hohen Investitionskosten für die Großcomputer der 1960er Jahre als Hauptgrund dafür, dass der Rechner für Bürokratien eine derartige konzeptionelle und organisatorische Herausforderung darstellte. Es gehe, so Luhmann, »ein erfrischender Denkzwang von dem glücklichen Umstand aus, daß die Maschinen so teuer sind. Ihr Preis zwingt dazu, die Organisation der Datenverarbeitung auch außerhalb der eigentlichen Anlage in einem Maße zu rationalisieren, das ohne diesen Anstoß undurchführbar geblieben wäre.«[34] Es galt also viel und gründlich nachzudenken, um Verwaltung als System zu verstehen und danach jene Abläufe, die in Verwaltungen selbstverständlich sind, in ein computerkompatibles Format zu übersetzen.

Dabei traten zwei Probleme mit paradoxer Tendenz auf. Erstens mussten sehr unterschiedliche Verwaltungseinheiten abteilungsübergreifend kooperieren, denn das Straßenverkehrsamt konnte die Nummernschilder-Verwaltung per Computer nicht allein finanzieren, so dass der Rechner gleichzeitig von der Steuerverwaltung, der Universität und der kantonalen Personalabteilung genutzt werden sollte.[35] Der teure Rechner war in der Perspektive seiner Nutzer eine sture Universalmaschine: Er blieb konsequent formal und allgemein, kümmerte sich nicht um verwaltungstechnische Traditionen und vor allem nicht um die Besonderheiten und Spezialisierungen der Verwaltung. Computertauglich wurden Verwaltungen erst, wenn sie zugunsten einer schnellen rechnergestützten Datenverarbeitung auf spezialisierte Formate, Prozesse und Formulare verzichteten, wenn sie also von jenem Pfad abwichen, der im Ausdifferenzierungsprozess der Bürokratie bislang als Königsweg gegolten hatte. Das machte die Bahn frei für die abenteuerliche Reise staatlicher und unternehmerischer Verwaltungen in den Computer.[36]

Zweitens musste ausgerechnet die Komplexität der Verwaltung erhöht werden, damit eine computergerechte Vereinfachung automatisierbarer Transaktionen erfolgen konnte. Da Verwaltung durch Vereinfachung von Entscheidungsprozessen (jedenfalls bei gleichbleibender Leistung) nicht automatisch einfacher wird, Automation aber eine maschinenseitige Vereinfachung voraussetzte, musste Komplexität in den Worten Luhmanns »aus dem Entscheidungsverhalten in die Systemstruktur« verlagert werden, und das wiederum »rückt Organisationsprobleme mit bisher unbekannten Anforderungen in den Vordergrund«. Für Verwaltungstheoretiker war das zwar nichts Neues. Aus ihrer Sicht wurde »die Vereinfachung einzelner Entscheidungsschritte« stets »durch Komplizierung der Systemstruktur und damit der Systemplanung erkauft«. Das tägliche Handeln der Verwalter ließ sich durch Systemkomplizierung entlasten. Die rechnergestützte Automatisierung der Verwaltung habe diese alte Einsicht, so Luhmann, »nur ins Extrem getrieben« und »deshalb bewußt« gemacht, »weil hier die einzelnen Entscheidungsschritte, die dem Computer aufgetragen werden sollen, besonders radikal vereinfacht werden müssen«.[37]

Die Programmierung der Maschine setzte eine eingehende Analyse des Entscheidungsvorgangs voraus. Darum war sie auch eine fast unerschöpfliche Quelle für problemorientiertes Nachdenken über die Funktionsweise sozialer Systeme und die Formatierung des Sozialen, die seine Berechenbarkeit ermöglichte.

Diese Einsicht konnte man auch jenseits des Atlantiks finden, besonders prominent bei Herbert A. Simon. Simons Schriften über Entscheidungsprozesse, administratives Verhalten, Organisation und Automation wären theoriegeschichtlich gesehen ohne das Nachdenken über die Möglichkeiten und Bedingungen der Strukturbildung in der digitalen Welt wohl kaum verfasst worden. Bei Simon setzte dieses Nachdenken erstaunlich früh ein. Er wollte Organisationsbedingungen (ganz in der Tradition der *operations-research*-Literatur und der Kybernetik) mathematisch formalisieren. Luhmann hat das nie versucht, war aber in seinem Denkstil sehr viel stärker von der Welt der Rechner geprägt. Dennoch besteht kein Zweifel daran, dass sich Luhmann und Simon vom abstrakten Regelspiel inspirieren ließen, das Rechner für ihren Betrieb benötigten, und ebenso von Konzepten und Prozeduren, die im Bereich der Organisation von Rechnern Verwendung fanden. Dies zeigt sich etwa in dem Programm[38] bzw. der Überzeugung, dass Organisationen und soziale Systeme der unterschiedlichsten Art (wie Rechner) abstrakten Prinzipien der Strukturbildung folgten und dass sich deswegen auch allgemeine Prinzipien von Organisation bestimmen ließen.[39] Für das Angebot, das die Rechner an Betriebe, Organisationen und Bürokratien richteten, war das von entscheidender Bedeutung. Sowohl die Organisation von Rechnern mit Hilfe von Betriebssystemen als auch der Betrieb von Organisationen mit Hilfe von Rechnern waren an das Zusammenspiel abstrakter Regeln gebunden.

Besonders interessant wurde es, wenn nach der Feststellung dieser strukturellen Gleichförmigkeit wieder auf Differenzen geachtet wurde, zum Beispiel zwischen dem, was sich in Rechner verschieben ließ, und jenem, das aufgrund dieser Verschiebung in der analogen Welt anders strukturierte Aufgaben erhielt. Auf das spezielle Problem des Verhältnisses zwischen einem Verwaltungsjuristen und einem Computer fanden sich bei Luhmann beispielsweise folgende, durchaus knifflige Fragen: »Entscheidet

[der Jurist] weniger überlegt, weniger umsichtig, weniger ratio-
nal als die Maschine? Und wenn er den gleichen Prinzipien folgt,
kann er dann seine Überlegungsschritte ganz oder teilweise auf
die Maschine übertragen? Gibt es verschiedene Arten von Ratio-
nalität, die der Maschine und die des Juristen?« Luhmann fragte
sich, ob ein Rechner und ein Jurist in einem Verwaltungssystem
die gleiche Funktion haben und deshalb im Prinzip der eine durch
den andern ausgetauscht werden könne. »Oder sind ihre Funktionen, ihre Entscheidungsbeiträge verschiedenartig, und wenn so:
sind sie widerspruchsvoll, so dass der Jurist der Maschine miss-
trauen muss, oder komplementär?«[40]

Solche Fragen nach der Ähnlichkeit der Transaktionen im digitalen und im sozialen Raum stellten sich seit den frühen 1960er
Jahren nicht nur unter allgemeinen verwaltungsjuristischen As-
pekten, sondern auch bei der Verschiebung des Devisenhandels
in den Computer,[41] beim Aufbau von rechnergestützten Reser-
vationssystemen für Flugreisen,[42] beim Einsatz von Rechnern
für die Katalogisierung von Bibliotheken[43] oder bei der Entwicklung eines computerisierten Supply-Chain-Managements für den
Detailhandel.[44] Fast zwangsläufig wurde so die soziotechnische
Analysekompetenz von Projektverantwortlichen erweitert. Die
Tatsache, dass sich selbst bescheidene Projekte zur computer-
gestützten Automatisierung mit schöner Regelmäßigkeit zu
großen Reorganisationsprojekten auswuchsen, scheint dies
jedenfalls nahezulegen. Auch hier gilt, was Technik und technischen Wandel grundsätzlich kennzeichnet: Technologien sind
Instrumente, die von sozialen Akteuren (Nutzergruppen, Organisationen) eingesetzt werden, um eigene Interessen zu stärken,
bestehende Positionen zu festigen oder zusätzlichen Einfluss auf
den Gang der Dinge zu gewinnen.

Die Beschäftigung der späten 1950er und frühen 1960er Jahre mit Fragen zur Verkehrsregelung im digitalen Raum hatte nicht nur Folgen für die Theoriebildung. Sie wirkte sich nachhaltig auch auf die »Betriebsbildung« aus. Die abteilungsübergreifende Nutzung von Rechnern, die Niklas Luhmann so stimulierend fand, erlaubte einen Einblick in Verwaltungen und Unternehmen, der bislang schwierig zu gewinnen war. Wenn der Rechner zu einem konkurrenzlosen Informationssystem des Managements werden konnte, dann veränderte sich damit wohl auch die Position des Managements. Die scharf gezogene Grenze zwischen dem Wissen, das man als ingenieurtechnische Kompetenz ansah, und jenen Konzepten und Beobachtungsroutinen, die dem Management seit dem frühen 20. Jahrhundert eigen waren, begann sich zu verschieben. Die Unterscheidung zwischen der Figur des Ingenieurs und jener des Managers wurde unsicher und konfliktträchtig. Wie der amerikanische Technikhistoriker Thomas Haigh gezeigt hat, gingen manche Beobachter sogar davon aus, dass sich aufgrund der Auslagerung bedeutender Verwaltungsprozeduren in den großen Archipel der Rechner eine neue Klasse von Wissensträgern ergeben werde, die sowohl informationstechnisch als auch betriebswirtschaftlich besonders fit seien und dereinst die Macht in Firmen oder Behörden übernehmen könnten.[45]

Die meisten Erwartungen, die diese *systems men* an den Rechner, an ihre eigenen Fähigkeiten und Kompetenzen, generell aber an die soziotechnische Zukunft der Welt richteten, erwiesen sich als übertrieben. Sie vermochten sich nicht durchzusetzen. Aber sie erhöhten den semantischen Verkehrswert dessen, was sie als *Management Information System* bezeichneten. All das, was für Unternehmensleitungen und den Betrieb von höchster Bedeutung war, sollte darin gespeichert und ausgewertet werden. Ein *Management Information System* ließ sich als Topf für jenes Wissen darstellen, das Manager mit hoher Abstraktionskompetenz, betriebswirtschaftlichen Kenntnissen und enger Tuchfühlung zum Rechner besaßen. Die etablierten Vertreter der Business Administration erstickten diesen Angriff auf ihre bisherigen höchst analogen Rezepte im Keim.[46] Ebenso wenig wollten Ingenieure und Techniker, die mit Rechnern vertraut waren, ihre Karrierewege mit informationstechnologisch bewanderten Managern teilen, und Unternehmensleitungen ignorierten den sehr blauäugig begründeten Versuch einer Machtübernahme durch *systems men* erst recht.

Das änderte aber nichts daran, dass es zu Beginn der 1960er Jahre durchaus in den Erwartungshorizont von Unternehmen passte, mit der Auslagerung managementrelevanten Wissens in den Rechner Entscheidungsgrundlagen für die Unternehmensleitung beschaffen zu können.[47] Und es hinderte niemanden daran, mit der Arbeit an *Management Information Systems* zu beginnen, sie zu gestalten, zu verwerfen, umzubenennen und neu zu propagieren – ganz unabhängig davon, was man unter dem Begriff jeweils verstehen wollte.[48] In sehr langfristiger Perspektive entstanden aus diesem Nährboden ausgeklügelte Betriebsführungsinstrumente oder *Enterprise Resource Planning Systems*. Dafür musste man die Betriebssysteme der Rechner und den rechnergestützten Betrieb von Organisationen mit stabilen Spielregeln ausstatten sowie Rechenzentren bauen, die zu obligatorischen Durchgangspunkten für Prozeduren und Daten werden konnten. Für das universelle Computing mussten Anlagen mit flexiblen Verkehrsregeln und Verkehrsströmen entwickelt und unterschiedliche Abläufe des Betriebs organisiert werden. Dafür brauchte es leistungsfähige Betriebssysteme. Nicht Teilen und Herrschen, aber Teilen und Betreiben war die Losung, die für die Organisation von solchen Rechnern galt.

\\ 4 Synchronisieren

Um die Mitte der 1960er Jahre entwickelte der digitale Raum ein besonders intimes Verhältnis zu den Teilen der Welt, die in ihm organisiert wurden. Dabei gilt es zu beachten, dass rechnergestützte Organisationen nicht durch digitale Repräsentation, sondern durch digital beschleunigte und erweiterte Interaktion an Macht gewonnen haben. Damit diese Interaktion nicht zur Beschäftigung der Rechner mit sich selber verkam, musste die Welt im Rechner mit den Verhältnissen in jenen Organisationen synchronisiert werden, deren Geschäfte es abzuwickeln galt. Organisationen haben einen ausgeprägten Sinn für die kontrollierte Umsetzung ihrer Vorhaben.[1] Im digitalen Raum durften sie sogar mit der *kontrollierten Simulation* ihrer Planung rechnen, konnten ein *real-time-monitoring* erwarten und wussten, dass sich Resultate dank des *logging* der Rechner auch später nochmals nachprüfen ließen. Kein Ort könnte das besser illustrieren als das seit 1962 in Houston, Texas, aufgebaute und bis an die Zähne mit IBM-Technologie hochgerüstete *Mission Control Center* der amerikanischen Raumfahrtbehörde NASA.[2]

»Houston« war ein extremes Modell der rechnergestützten Überwachungs- und Kontrollkultur der 1960er Jahre.[3] Im *Mission Control Center* wurde ein Dispositiv eingerichtet, das den Kontroll- und Überwachungsraum für viele spektakuläre Weltraummissionen betrieb, und zwar von der Planung und Simulation über das koordinierende Monitoring des langen Ausflugs auf den Mond bis hin zur Verarbeitung der Expeditionen in den Rechenschaftsberichten der verantwortlichen Behörde. Der Aufwand war gigantisch. Das lässt sich allein schon mit dem Hinweis auf die Installation von fünf transistorisierten IBM-Großrechnern der Superklasse, mit dem weltumspannenden Netz von Radar- und Funkstationen, dem Heer von hochqualifizierten Angestellten und dem gewaltigen medientechnischen Aufwand des Zentrums belegen.[4] Seine soziotechnischen Interaktionen entfalteten auch bei hoher Aufmerksamkeit der televisionären Weltöffentlichkeit materielle Glaubwürdigkeit und prozedurale Wirkmächtigkeit.[5] Dafür hatte das Zentrum eine technisch-organisatorische Binnenkomplexität entwickelt, die ganz neue Maßstäbe setzte. In Houston entstand ein Ort, an dem die Synchronisierung der Welt mit dem Überwachungs- und Kontrollraum des Computers exemplarisch und zukunftsweisend durchgespielt wurde.[6]

Modellhaft, ja epochemachend war das rechnergestützte Dispositiv der NASA, weil es einen echtzeitlichen Anspruch hatte und diesen durch geschickte Strukturbildung in der Rechneranlage und in deren Umfeld verwirklichte. Raumfahrtprobleme sind äußerst zeitkritisch. Präzedenzlose Geschwindigkeiten und Kräfte führen zu extrem kurzen Reaktionszeiten mit besonders schwerwiegenden Folgen. Alle Ereignisse, die auch nur im Geringsten vom Plan abweichen, müssen ohne spürbaren Aufschub, also beinahe synchron zu ihrem Auftreten behandelt werden. Rechnerisch heißt das, dass man sich in operativer Echtzeit zu bewegen hat und die zeitliche Differenz zwischen dem Entstehen von Daten und ihrer Verarbeitung und Darstellung durch die Rechner minimieren muss. Darum ist das Rechenzentrum des Kontrollzentrums in Houston auch mit einem *real-time-operative-*

system versehen worden. Der programmatische Fluchtpunkt einer
operativen Echtzeit ließ sich jedoch, wie in allen rechenintensiven
Organisationen, nur durch selektiv eingeschränkte Präzision und
unterschiedliche Geschwindigkeiten erreichen. Die Annäherung
an die gewünschte Unmittelbarkeit im gesamten System erfolgte dadurch, dass Aufgaben sortiert und nach ihrer Dringlichkeit
klassifiziert wurden. Dafür stellte das Zentrum eine komplexe,
aus zahlreichen technischen und prozeduralen Elementen erzeugte Struktur bereit, mit der sich die Probleme der Raumfahrt
verteilen und delegieren bzw. verzeitlichen und verschieben ließen – Zukünftiges in die Simulation und das Training, Aktuelles
ins Monitoring und Vergangenes ins Reporting.

Schon bei der Ausschreibung für die computertechnische Ausrüstung des neuen Kontrollzentrums in Houston war klar gewesen, dass der Bedarf an Rechenkapazität alles bisher Verfügbare
in den Schatten stellen würde. Man schätzte, zwischen fünf und
neun Großcomputer installieren zu müssen, um über genügend
und hinreichend verlässliche Rechenkapazität zu verfügen. Dennoch wurde der Bedarf an Ausrüstung, Software und Manpower
sowohl von der NASA als auch von der IBM, die den Auftrag erhielt, massiv unterschätzt. Statt der geplanten 161 Computerspezialisten, die für das Projekt eingesetzt werden sollten, arbeiteten
schließlich mehr als 600 gleichzeitig daran, zwei Drittel davon
wurden allein für die Programmierung des Betriebssystems und
der zahlreichen Anwendungen eingesetzt.[7]

Die in Houston entstehende, *Executive* genannte Programm-
landschaft bestand aus drei Teilen. Im Zentrum stand das *Mission Operations Program System*, mit dem Flugbahnberechnungen,
Messdatenverarbeitung, Überwachung der Raumschiffumge-
bung, das Backup für den Bordcomputer sowie Berechnungen

für Rendezvousmanöver zwischen verschiedenen Raumschiffen durchgeführt werden konnten. Flankiert wurde dieses zentrale Programm von einem »Netcheck« genannten Programm für die Überwachung des Datenverkehrs und vom »Analyzer«-Programm, mit dem aufgezeichnete Flugdaten nach der Mission ausgewertet wurden.[8]

Maschinenseitig war ein Rechner für die laufende Mission, der zweite als dynamischer Ersatzcomputer und der dritte als Simulationscomputer vorgesehen. Ihnen wurden nochmals je ein Großrechner für die Simulation der Bodensysteme und einer für die Entwicklung von Software zur Seite gestellt, während eine IBM 1401, die sich als solide Datenverarbeitungsmaschine erwiesen hatte, allein für den Input und den Output zuständig war. Mit dieser gewaltigen Infrastruktur verarbeitete Houston zu Beginn der Gemini-Raumflüge um 1965 ein zehnmal größeres Datenvolumen, rechnete hundertmal schneller und verfügte über eine vielfach gesteigerte Kapazität zur Präsentation von Auswertungen, als dies im geographisch sehr viel regierungsnäheren Goddard-Raumfahrtzentrum in Langley der Fall gewesen war, von wo aus von 1959 bis 1963 die Mercury-Raumflüge überwacht worden waren.[9]

Für den Betrieb in Echtzeit setzten NASA und IBM bei den Rechnern auf die Redundanz des Überwachungs- und Kontrollsystems, sorgten für genügend Reserve, kauften zusätzlichen Speicher und beschleunigten sowohl den Input als auch den Output mit erweiterter Kapazität.[10] Bereits zur Inbetriebnahme des Zentrums 1965 waren die ersten drei IBM 7094 nachgerüstet worden, und zwar auf das Doppelte an Rechenspeicher und das Fünffache an Zusatzspeicher. Realtime gewann Zeit durch ein erweitertes Maschinengedächtnis.[11] Wäre der Zweck der Anlage nicht auf ein so spezifisches Ziel festgelegt gewesen, man hätte von einer Allzweckanlage mit großem Zukunftspotential sprechen können. In Houston wurden komplexe technowissenschaftliche Probleme behandelt und gleichzeitig riesige, im laufenden Betrieb erzeugte Datenmengen sortiert, klassifiziert und als durchkalkulierte Entscheidungsgrundlagen ausgegeben, wie man es sich von Hochleistungsrechnern im Dienst rein terrestrisch tätiger Großunternehmen gewünscht hätte. Das Raumfahrtzentrum verfolgte das ambitionierte Ziel des Echtzeitbetriebs mit einer computertechnischen *brute-force*-Strategie.

Das Weltall war nur dann in den Computer zu verschieben, wenn ein besonders großer rechentechnischer Aufwand betrieben wurde. Das ist evident. Überraschend hingegen ist die Tatsache, dass dafür der betrieblich-kommunikative Aufwand in der Umgebung der Rechner ebenfalls gewaltig gesteigert werden musste. Unzählige Installationen sorgten hier für die geeignete Zwischenlagerung, Umschichtung, Kanalisierung und Verteilung von Informationen, die die Rechneranlage nur in ausgewählten Fällen (oder im Notfall) belasten sollten. Bei Licht betrachtet war das Kontrollzentrum eine mit hoher Intelligenz ausgestattete, gewaltige Sortieranlage im Dienst des Rechenzentrums. Was die Rechner nicht sofort prozessieren konnten, weil es zu komplex oder zu voluminös war, drehte seine Runden in der analogen Welt des Flugüberwachungsraums mit seinen rückwärtigen Diensten, bis es einem Computer zugemutet werden konnte. Der konventionelle Teil der Anlage war es, der den programmatischen Anspruch auf echtzeitliches Computing einlöste, indem er Informationen vom Rechner fernhielt.

Architektonisch setzte der Kontrollraum auf eine demonstrative, ja theatralische Übersicht. Die Konsolen waren funktional gruppiert und hierarchisch gestaffelt. An der Front saßen jene *controller*, die mit Triebwerken und Treibstoff, also mit der Thermodynamik der Raumfahrt zu tun hatten. Gleich dahinter saßen ein halbes Dutzend Spezialisten für alles Elektrische, die sich um Stromversorgung, Daten und Kommunikation kümmerten. Die dritte Reihe war für Organisatorisches und das Kommando zuständig. In der vierten und obersten Reihe saßen schließlich ranghohe, für die Verbindung zur Politik und zur Öffentlichkeit zuständige Funktionäre: der *Director of Flight Operations*, die beiden Vertreter des NASA-Hauptquartiers und des Verteidigungsministeriums sowie der Pressechef der Mission. Abgeschlossen wurde der Raum durch eine Glasscheibe, hinter der sich eine kleine Kinobestuhlung für 74 geladene Gäste befand.[12]

Diese strenge räumliche Anordnung des Kontrollraums darf nicht darüber hinwegtäuschen, dass seine hochtechnisierte Komplexität kaum mehr zu durchschauen war, nicht einmal von jenen, die in ihm arbeiteten. Darum musste die NASA ein immer wieder aktualisiertes, 1967 bereits gut 150 Seiten starkes *Familiarization Manual* schreiben und drucken lassen, das die gesamte Infrastruktur des *Mission Control Center* zur »Orientierung und Indoktrination« der Angestellten beschrieb, wie es im Vorwort hieß.[13] Das Manual bildete die Spitze einer ganzen Familie von Manualen zu Problemen der Simulation, des Betriebs und des Unterhalts von technischen Systemen, die die Kommunikation zwischen Astronauten, Bodenpersonal und Flugleitung sicherten, die Verbindung zu Rettungsschiffen, Flugzeugen, Fernsehkanälen und der Regierung herstellten und die Interaktion von Rechnern, Druckern, Fernschreibern, Radarstationen und Projektoren unterstützten.

In der unmittelbaren Umgebung der Großrechner war also eine

komplexe technisch-personelle Organisation für die Zwischenlagerung, Klassifikation und Verteilung von Aufgaben aufgebaut
worden. Nur eine kleine Auswahl dieser Probleme fand den Weg
in die Rechneranlage, alles andere wurde vom Bodenpersonal an
den Konsolen des Überwachungsraums begutachtet und verarbeitet. Jeder *flight controller* arbeitete sich durch den detaillierten, für
seinen Zuständigkeitsbereich vorbereiteten Flugplan. In seinem
Rücken stand eine Reihe von Manualen in Ringbüchern, die sich
jederzeit konsultieren, ergänzen und korrigieren ließen, vor ihm
fanden sich ein Formular für das Protokoll, ein Aschenbecher und
ein Rechenschieber. Über die Sprechgarnitur auf seinem Kopf war
er mit jener Gruppe von Spezialisten verbunden, die ihn als Team
von außerhalb des Kontrollraums unterstützten. Denn manche
Aufgaben waren zu groß und zu komplex, um an der Konsole im
Alleingang gelöst zu werden. Bei unerwarteten Ereignissen nutzten die *flight controller* das erweiterte Gedächtnis der rückwärtigen
Dienste. Das Manual verzeichnet endlose Fluchten von Büro- und
Besprechungsräumen, in denen das unsichtbare Personal des
Kontrollzentrums über solchen Aufträgen brütete.[14]

Die kleine Sortieranlage des einzelnen *flight controllers* an der
Konsole war dazu da, den strengen Arbeitsplan nach Bedarf zu
restrukturieren und den Einsatz von Rechenkapazität unnötig
zu machen. Was in den Ringbüchern mit ihren Spezifikationen
von Maschinen und ergänzenden Tabellen zu Notfallprozeduren
hinterlegt war, hatte man lange vor der Mission berechnet und geprüft. Es ließen sich jederzeit Vorarbeiten abrufen, um spezielle
Situationen zu bearbeiten oder Flugplanänderungen durchzuführen. Aber auch der potentiell kontinuierliche Strom von Mitteilungen, Fragen und Antworten im Sprechfunk ließ Ausweich-
manöver zu. Er folgte einem stark strukturierten Schema, seine

regelhaften kommunikativen Interaktionen verteilten sich auf verschiedene Kanäle, in die jeder *flight controller* mit seinem Kopfhörer hineinhorchen konnte, wohl wissend, dass alles, was während des Raumflugs gesprochen wurde, auf Tonband aufgezeichnet und später sogar transkribiert wurde. Die Konsole eines *flight controllers* war einem Mischpult nicht unähnlich. Hier wurde ein spezialisiertes, der jeweiligen Aufgabe und Situation angepasstes Programm zusammengestellt und mit schriftlich festgehaltenen Routinen kombiniert.

Eine Auswahl relevanter, vom Rechenzentrum frisch prozessierter Daten wurde dem *flight controller* auf dessen eigenen Bildschirm übermittelt. Auch dabei lassen sich unterschiedliche Zeitebenen, Umformatierungen und Geschwindigkeiten ausmachen. Der kleine Fernsehbildschirm an der Konsole lieferte fortwährend Bilder, die eine Kamera im Rechenzentrum von der Kathodenstrahlröhre des Großrechners aufnahm. Dabei ging es sehr analog zu. Um die Zahlen oder den wandernden Leuchtpunkt, den der Großrechner auf dieses Oszilloskop sandte, deuten zu können, wurden sie von einer Fernsehkamera aufgenommen, in deren Sichtfeld gleichzeitig ein Diapositiv eingeblendet wurde. Darauf waren Achsen oder Zeilen und Spalten so angeordnet, dass sie durch Überblendung um die nackten Zahlen des Oszilloskops herum erschienen.[15] Wollte der *flight controller* einen Kollegen konsultieren, konnte er das komponierte Fernsehbild auf dessen Konsolenbildschirm senden. Oder er konnte, wenn er mehr Zeit brauchte, per Knopfdruck einen Ausdruck auf Papier bestellen. Dieser wurde ihm dann aus dem Rechenzentrum über das Rohrpostsystem an seinen Arbeitsplatz geschickt. Nun ließ sich die Tabelle in relativer Ruhe studieren, mit älteren Kopien vergleichen oder, mit Fragen versehen, an das zuständige Team außerhalb des

Kontrollraums weiterleiten. Dieses schickte bei Bedarf ergänzen-
de Unterlagen zurück, ebenfalls per Rohrpost, um sie dann über
interne Telefonleitungen mit dem *flight controller* zu besprechen.[16]
Sobald die Lage wieder klar war, konnte eine Anweisung über den
diensthabenden *flight director* und den für die Kommunikation mit
den Astronauten zuständigen *capsule communicator* an das Raumschiff weitergeleitet werden. Dort kam also nur noch die knappe
Instruktion für die Behandlung eines Problems an.

Zeit lässt sich dadurch strukturieren, dass Aufgaben verteilt,
Abläufe rhythmisiert und Aufträge vorbereitet oder auf später verschoben werden. Die meisten Knöpfe an den Konsolen im Überwachungsraum waren mit Rohrpost- und Gesprächsadressen
verdrahtet und dienten eben dieser Verschiebungsarbeit. Gleichzeitig war jedoch auch eine hinreichende Synchronisierung zu ge-
währleisten. Eine Reihe von Vorkehrungen sorgte dafür, dass aus-
gelagerte, verschobene und verteilte Arbeiten wieder nahtlos in
den Flugplan zurückgeholt werden konnten und für echtzeitliche
Interventionen pünktlich bereitstanden.

Eine zentrale Systemuhr lieferte das für die Synchronisierung
aller Verfahren und Subsysteme notwendige temporale Grundgerüst – Überwachung und Kontrolle in Echtzeit setzt zuvorderst
eine stabile Systemzeit voraus. Im Einführungsmanual zur Anlage
in Houston gab es nur wenige Begriffe, die so häufig verwendet
wurden wie das Wort »time«. Als Referenz für die Systemzeit
diente ein Signal, das vom *National Bureau of Standards* per Radio
als *Greenwich-Mean-Time* verbreitet wurde. In Houston selber wurde
diese national abgesicherte Referenz auf die Weltzeit von einem
timing subsystem in höchst aufwendiger Weise lokal verankert und
an alle anderen funktionalen Einheiten verteilt. Das Zeitsystem
bestand aus einer »master instrumentation timing«-Anlage, ei-

nem Countdown-Prozessor, zwei Akkumulatoren für relative Zeit, sechs Doppel-Stoppuhren, zwei seriellen Konvertern für Dezimalzeit, drei Zeitsignalverteilern, zahlreichen Zeitdisplays mit Kontrollmodulen, einer Zeitberechnungseinheit und Wanduhren. Wo immer Überwachungsprozesse untereinander synchronisiert werden mussten, wurde dies mit einer Referenz auf die höchst stabile Systemzeit des Kontrollzentrums gemacht – was den ergänzenden Einsatz von Armband- und Handstoppuhren keineswegs ausschloss.[17]

Eine zweite Synchronisierung erfolgte über den Sprechfunk zwischen Kapsel und Bodenstation. In den frühen Gemini-Missionen wurde die Zuständigkeit dafür von einer terrestrischen Empfangsstation zur nächsten weitergereicht und durch ständiges Adjustieren der Frequenzen und wiederholte Verbindungskontrollen strukturiert. Nur die Stationen, die theoretisch Sichtkontakt mit dem Raumschiff hatten, verfügten auch über eine Sprechverbindung mit den Astronauten. Daraus entstand ein rhythmischer Wechsel zwischen Kommunikationsfenstern und Funkstille, der sich auf andere Kanäle auswirkte. Als in der zweiten Hälfte der 1960er Jahre der gesamte Sprechfunk ähnlich wie der Messdatenverkehr über terrestrische Datenleitungen mit wenigen Unterbrechungen abgewickelt wurde – notabene im Time-Division-Multiplexing-Verfahren –, gab es nur noch wenige Unterbrechungen, so dass von diesem Rhythmus nicht viel übrig blieb.[18] Die Transkripte der verschiedenen Raumfahrtmissionen deuten aber darauf hin, dass der immer kontinuierlichere Sprechfunk nun formalisierter gestaltet wurde und für flight controller ein sicheres auditives Grundgerüst bot, zu dem sich weitere Sprechfunkkanäle und Tonbandaufnahmen hinzuschalten ließen.[19]

Der dritte Synchronisierungsstrang war visueller Natur. Alle *flight controller* sahen, gewissermaßen als hochspezialisierte Zuschauer, auf eine gemeinsame dreiteilige Leinwand, die den Kontrollraum nach vorne abschloss. Die wirkliche *real-time*, das wussten sie, ergab sich durch die aktuelle Position des Raumschiffs im aktuellen Gefüge von Raum, Zeit und Plan. Diese Position und der weitere Verlauf des Fluges wurden im Computer laufend nachberechnet und »mit wenigen Sekunden Verzögerung« über einen Fernsehbildprojektor vom Typ »Eidophor« auf die zentrale Leinwand vor den Konsolenreihen projiziert. Daran konnten sich die *flight controller* jederzeit orientieren.[20]

Auch dieses Bild war, wie jene auf den Bildschirmen an den Konsolen, durch Überblendungen entstanden. Slides, auf denen die Beschriftung der Daten vorbereitet worden war, und Fernsehbilder, die vom Oszilloskop aufgenommen wurden und aktuelle Flugdaten als nackte Punkte oder Zahlen zeigten, wurden optisch zu einem lesbaren Fernsehbild vereint. Dieses erschien auf dem mittleren und größten Abschnitt der dreiteiligen Leinwand. Links und rechts davon befanden sich zwei kleinere, wie Altarflügel abgewinkelte Projektionsflächen. Ein Fries von insgesamt neun Leuchtschrift-Displays für die wichtigsten numerischen Eckwerte der laufenden Mission schloss das Triptychon zur Decke hin ab. Während auf dem linken Flügel des Triptychons oft Folien mit dem aktuellen Ausschnitt des Flugplans per Overheadprojektor sichtbar gemacht wurden, diente der rechte Flügel der Projektion von Fernsehbildern. Hier wurden den Überwachern beispielsweise Livebilder vom Start einer Trägerrakete, Aufnahmen aus dem Innern eines Raumschiffs oder am 20. Juli 1969 die »Direktübertragung« von Neil Armstrongs lang erwartetem Ausstieg aus dem *Lunar Module* gezeigt.

12 »Real time« in Houston: Der Blick im Mission Operations Control Room auf
das Fernsehbild von der hinter dem Mond aufgehenden Erde, das Apollo 8 zur Erde
übertrug

Die Bilderwand des Mission Control Center verklammerte eine große
Zahl unterschiedlichster Quellen und Medien und erzeugte daraus ein multimediales Bildregime, das im Überwachungs- und
Kontrolldispositiv Innen und Außen so synchronisierte, dass es
weder Anfang noch Ende, weder innersten Kern noch eindeuti-
ge Außenwelt mehr geben konnte. Auf den ersten Blick mochte
die Anlage in Houston an die geschlossenen Welten jener unter-
irdischen Einsatzzentralen für den nuklearen Erst- oder Vergel-
tungsschlag erinnern, wie sie seit den 1950er Jahren gebaut und
in den 1960er Jahren in Film und Fernsehen längst zur visuellen
Gewohnheit geworden waren.[21] Houstons Bildregime war jedoch
wesentlich komplexer strukturiert. Das lässt sich mit der bis dato
wohl spektakulärsten TV-Live-Übertragung illustrieren. An Weih-
nachten 1968 konnte ein globales Fernsehpublikum vor dem ei-

genen Fenster zur Welt (und die *flight controller* vor dem rechten Teil
der Leinwand im Kontrollraum) zusehen, wie die Besatzung von
Apollo 8 die Erde mit einer Fernsehkamera einfing und dazu eine
Reader's Digest-Variante des Schöpfungsberichts aus der Genesis
vorlas.[22]

Die Prozedur wurde zu einer diffizilen Angelegenheit, weil
die Kamera der Astronauten im Raumschiff nicht mit einem
Sucherbildschirm ausgestattet war. Die Erde musste deshalb im
(verzögerten) Sprechfunkkontakt mit Houston – wo man das
Bild sah, aber die Kamera nicht bewegen konnte – eingefangen
werden. Als das einigermaßen gelungen war, bemerkte der Astronaut William Anders, dass hoffentlich alle das Bild genießen
könnten, »das wir von ihnen aufnehmen«. Und als ob er daran
zweifelte, dass dieses verrückte Zusammenfallen von extremer
Distanz und Zeit, das kunstvolle Ineinanderfalten von Innen und
Außen, jemandem bewusst werden könnte, doppelte er nach:
»Ihr schaut euch gerade aus 180 000 Meilen aus dem Weltraum
an.«[23] Auch wenn hier niemand winkte,[24] ermöglichte dieser zwischen *Mission Control Center* und Raumschiff arbeitsteilig erzeugte
Satellitenblick ein extremes, kollektives Spiegelerlebnis, einen
Höhepunkt der Synchronisierung.[25] Die ausgewählten Zuschauer
im *Mission Control Center* sahen durch die Glasscheibe vor ihnen,
wie die *flight controller* über den Rand ihrer bildschirmbestückten
Konsolen blickten und auf dem rechten Flügel der großen Leinwand das beobachteten, was gleichzeitig Millionen von Fernseh-
zuschauerinnen und -zuschauern von dem sehen konnten, was
die Astronauten von Apollo 8 aus dem Innern ihres Raumschiffs
von der Welt sehen und aufnehmen konnten – falls alle Signale
richtig übermittelt wurden, das Raumschiff richtig positioniert
war und die Kamera mit Hilfe der *controller* richtig gehalten wurde.

Das war Echtzeitbetrieb vom Feinsten. Die rechnerische *real-time* wurde durch mediale Kombination und kommunikative Gleichzeitigkeit überlagert und ergänzt. Das Bild der Erde erschien auf dem rechten Flügel des großen Triptychons als Effekt jenes Flugplans, der im linken Flügel zu sehen war. Es lieferte einen Beleg für die echtzeitlichen Positionsangaben auf der mittleren Projektionsfläche und den kleinen Datendisplays über dem dreiteiligen Großbildschirm.

Redundant waren also beide Teile des *Mission Control Center* in Houston – das Rechenzentrum mit seiner Batterie von Großrechnern und der Kontrollraum mit seiner Vervielfältigung von Bildschirmen und Perspektivierungsmöglichkeiten. Vor allem aber waren sie einander komplementär. Denn während das Rechenzentrum im Bereich von Rechenkapazität, Memory und Datenfluss aufrüstete, setzte der Kontrollraum auf Vorbereitung, Verteilung, kommunikative Interaktion und Aufzeichnung. Diese Arbeitsteilung veränderte sich während der 1960er Jahre permanent, etwa durch die Verschiebung von Rechenkapazität (und Intelligenz) in die Raumschiffe oder weil sich die Koordination der Kommunikationsflüsse in den Rechner bewegen ließ. Houston hatte begonnen, nicht nur die Berechnung der Raumfahrt, sondern auch die Überwachung und Kontrolle in den Computer zu verschieben, und es hatte mit Apollo 8 das Bild des blauen Planeten als »Raumschiff Erde« in den Kontrollraum gebracht.[26] Das Raumfahrtzentrum wurde dabei zu einem Modell, ja zu einer fixen Idee für alle, die gerne an Überwachung, Kontrolle und Steuerung dachten. Bedeutsam für die Entwicklung des digitalen Raums aber wurde das hier *in extremis* demonstrierte Konzept einer engen Synchronisierung von rechnergestützter Simulation, rechnergestütztem Monitoring und rechnergestütztem Reporting, weil es die Welt

und die Rechner, das Weltall und das Raumschiff, die Astronauten und das Fernsehpublikum im multimedialen Kontrollraum
von Houston synchron zusammenführte.[27]

\\ 5 Herstellen und Einrichten

Die großen politischen und kulturellen Verunsicherungen der späten 1960er Jahre scheinen für den digitalen Raum einigermaßen bedeutungslos gewesen zu sein.[1] Programmiersprachen, Betriebssysteme, Anwendungsprogramme und Rechenzentren erwiesen sich als nützlich und überstanden zahlreiche Härtetests – nicht nur im Raumfahrtkontrollzentrum von Houston. Auch die Universalmaschine, die für spezielle Aufgaben weiter ausgebaut oder mit neuen Programmen betrieben werden konnte, bewährte sich. Das Preis-Leistungs-Verhältnis der Rechner war markant verbessert und der Time-Sharing-Betrieb mit vielen Terminals, Nutzern und Programmen erprobt worden. Selbst die *real-time*-Verarbeitung konnte sich – wenigstens als Erwartung – etablieren. Vieles von dem, was IBM zu Beginn des Jahrzehnts geplant hatte, wurde umgesetzt.[2]

Wenn Programmierer und Operateure in Rechenzentren nun etwas längere Haare, dafür aber keine Krawatten mehr trugen, war das keine Krise.[3] Wer sich im digitalen Raum bewegte, konnte sowohl nach bekannten Regeln handeln als auch neue erfinden. Das Wachstum der Branche war kaum zu bremsen. 1968 soll die Zahl der Rechner allein in den USA auf über 70 000 gestiegen sein. Das freute diejenigen, die Rechner zu verkaufen hatten und dabei noch immer Krawatten trugen.[4] Aber auch für bärtige Computerspezialisten in T-Shirts sah die Zukunft einladend

aus. Sie bot Platz für immer weitere, unter Umständen auch radikale Vorschläge. Die Frage, wie sich der digitale Raum weiter
einrichten ließe, durfte mit Phantasie angegangen werden. Das
große technische Aufrüsten in Firmen, Hochschulen und staat-
lichen Verwaltungen industrialisierter Länder hatte bei der konkreten Umsetzung phantastische Räume für kreative Vorschläge,
gewagte Lösungen und unerwartete Kombinationen entstehen
lassen. Gewiss, mitunter war es selbst für Computerspezialisten
schwierig, den Überblick zu bewahren. Umso leichter fiel es ihnen, neue Vorschläge und neue Prognosen aufzuschreiben. Diese
trugen sie dann mit frischem Elan auf der nächsten Computer-
konferenz, in der *Harvard Business Review* oder in einer Wochen-
zeitschrift vor und leisteten damit einen Beitrag zur zukünftigen
Ausgestaltung digitaler Räume.[5] Es gab also viel Zuversicht.
Irgendwie würden sich aus den vielen Vorschlägen schon tragfähige, generalisierbare Herstellungs- und Einrichtungsregeln
erzeugen lassen. Die bisherige Entwicklung der Computerbran-
che schien dieses Vertrauen zu rechtfertigen. Insbesondere ihr
Wachstum war leicht zu extrapolieren oder mit einem Verweis
in die Zukunft zu verlängern: Dass nämlich schon bald eine neue
»Generation« von Rechnern, Programmen und Peripheriegeräten
auf den Markt kommen werde, mit denen sich der digitale Raum
noch raffinierter, noch großzügiger oder sogar gemütlich einrichten ließ.[6]

Zwischen überschießender Erwartung und sichtbarem Erfolg
ergab sich zwar eine vergnügliche Spannung. Es war aber nicht
nötig, Erfolg und Misserfolg streng voneinander zu trennen.
Beides ließ sich in den rasanten Ausbau rechnergestützter Hand-
lungsräume und die dafür notwendigen Einrichtungsarbeiten
integrieren. Wenn herkömmliche Verfahren in die Rechner ver-

schoben wurden, blieb zwar oft kein Stein auf dem andern, und manches wollte nicht gelingen. Dennoch ließ sich der Umzug meistens positiv deuten. Verlust und Gewinn reichten sich bei jedem Projekt die Hand, weil jeder Entwurf gleich vom nächsten abgelöst wurde, jedem konkreten Vorhaben ein neues folgte und die Bedingungen, unter denen sich das eine oder andere hätte beurteilen lassen, längst verändert waren. So hatten immer alle ein wenig recht, wenn sie von der Zukunft digitaler Räume redeten, wenn auch nicht immer zur gleichen Zeit und nicht immer aus denselben Gründen. Dass dieses Spiel weder in der Krise noch in der reinen Selbstbeschäftigung endete, lag daran, dass die großen und kleinen Fragen, die das computertechnische Angebot produzierte, durch kreative Einrichtungsarbeiten laufend beantwortet wurden.

Herstellen

1961 hatte IBM einen umfassenden Plan für Datenverarbeitungsprodukte ausgearbeitet. Ganz selbstverständlich ging dieses Strategiepapier von den Prozessoren aus.[7] Sie sollten unabhängig von ihrer Leistungsklasse »eine einzige kompatible Familie« bilden.[8] Von der kleinsten bis zur größten wollte man alle Maschinen nach einheitlichen Prinzipien herstellen. Zusammen mit den für jede Maschine verfügbaren Ausbauoptionen sollte sich so ein lückenloses Angebot unterschiedlich großer Rechenleistungen ergeben. Beschreibbar machte IBM diese Rechenleistung mit dem sogenannten »Prozessorpunkt«. Jeder Prozessorpunkt entsprach einem Dollar monatlicher Leasingeinnahmen. Ende 1961 habe

man 29 Millionen solcher Prozessorpunkte bei Kunden installiert, bis 1965 rechne man mit 79 Millionen und bis 1970 mit mehr
als 162 Millionen Punkten, hielt IBM fest.[9]

Etwas unübersichtlicher wurde es im Abschnitt »Software«
des IBM-Strategiepapiers. Auch hier wollte man zwar das Prinzip
der Kompatibilität anwenden und damit Klarheit erzeugen. Die
Task Group sah höchstens drei Programmierumgebungen, ein
einziges System für Input-/Output-Kontrolle und ein stark redu-
ziertes Set von Anwendungsprogrammen vor. Das gesamte Softwareangebot werde in (lediglich) drei »Konfigurationsklassen«
unterteilt und als starke Familienbande über alle Prozessortypen
gelegt.[10] Damit bildete der Prozessor auch für das Softwarepro-
blem einen Orientierungspunkt für Entscheidungen. Möglichst
alles, auch die lokalen Einrichtungsarbeiten, sollte als »natür-
liche Konsequenz« der Prozessorwahl durch die Kunden gedeutet
werden.[11]

13 *Rechner als Allround-Angebot für unterschiedliche Probleme der Gegenwart*

1964 erhielt dieser Entscheidungsprimat des Prozessors mas-
sive Unterstützung durch »System/360«. Dieses für alle IBM-
Prozessoren vorgesehene Betriebssystem war ein firmeneigener
Kompatibilitätszwang für Rechner. Das suggerierten auch die
Annoncen für System/360, auf denen Prozessorschränke und Peripheriegeräte wie Menhire in Stonehenge im Kreis standen und
auf ihren Einsatz warteten. IBM wollte nach allen Richtungen hin
gut aufgestellt sein. »Sie wählen, was sie heute brauchen. Sie ergänzen es mit neuen Komponenten, wenn Sie diese brauchen«,
warb die Broschüre. System/360 löse die Probleme von heute und
lasse sich erweitern, um die Probleme von morgen zu lösen, lautete das Firmenversprechen.[12] Das bisher anspruchsvollste aller
Betriebssysteme ermöglichte der auf Prozessoren ausgerichteten
Firmenstrategie ihre operative Zukunftsfähigkeit.

Unterstützung für den Entscheid, den Prozessor ins Zentrum
der Firmenstrategie zu stellen, kam auch von außen. 1965 hatte
der bei Fairchild Semiconductor arbeitende Chemiker und Physiker
Gordon E. Moore über die Ökonomie der integrierten Schaltung
nachgedacht. Dabei war ihm aufgefallen, dass die Zahl der auf
einem Siliziumchip integrierbaren Funktionen sich seit 1959 jährlich verdoppelt hatte. Moore nahm an, dass die Herstellerkosten
für die günstigsten Chips 1970 nur noch zehn Prozent der Kosten
von 1965 ausmachen würden, eine Prognose, die als Moore's Law
bekannt wurde. Zwar erklärte diese Gesetzmäßigkeit nicht, was
das kontinuierliche Wachstum der Prozessorleistung für die Entwicklung von Rechnern insgesamt bedeutete.[13] Mit Moore's Law
wurde die Zukunft aber immerhin und wie bei IBM am Prozessor
festgemacht. Das »Gesetz« reduzierte die Komplexität compu-
tertechnischer Entwicklung auf radikale Weise. Wer sich an ihm
orientierte, musste ja nicht, wie Gordon Moore es tat, umgehend

von Heimcomputern, digital überwachten Automobilen, trag-
baren Telefonen und – falls sich ein taugliches Display finden
lasse – elektronischen Uhren träumen.[14]

Den Prozessor zum Ausgangspunkt der Firmenstrategie zu
machen war eine weitreichende Richtungsentscheidung von IBM.
Dank kompatibler Prozessorlinien ließen sich die Probleme des
Verkaufspersonals und der Techniker, die die Anlagen in Betrieb
zu setzen hatten, für alle IBM-Rechner auf gleiche Weise lösen.
Mit einem einzigen Set von Regeln konnten Rechner der jeweiligen Bedarfssituation angepasst und erweitert werden. Dafür
nahm IBM sogar in Kauf, dass die Konkurrenz leichter vorher-
sehen konnte, was IBM im Sinn hatte, wo die Schwächen lagen
und wo man allenfalls eigene Produkte vorteilhaft positionieren
konnte.[15] Die strategische Orientierung am Prozessor hatte jedoch auch zur Folge, dass vieles, was die Architektur und die Leistungsfähigkeit des Prozessors nicht direkt betraf, aufmerksam-
keitsökonomisch an den Rand gedrängt und von Fachleuten mit
speziellen, um nicht zu sagen marginalen Interessen bearbeitet
wurde. Das machte sich bei den Prozessoren, beim Verbinden von
mehreren Rechnern und bei der Software bemerkbar.

In Sachen *Prozessoren* blieb, erstens, den Konkurrenten nichts
anderes übrig als den unteren Rand des Angebots der Marktführerin zu bearbeiten. Die Leistung eines IBM-Prozessors der
Spitzenklasse konnte in den 1960er Jahren lange nicht überboten
werden. Die Konkurrenz musste also Rechner mit minimaler
Leistung konzipieren. Das war von IBM als wenig attraktive Option eingeschätzt worden, weil man seit den frühen 1950er Jahren
davon ausging, dass die Rechnerleistung im Quadrat zum Rech-
nerpreis anstieg und große und teure Rechner damit eine über-
proportionale Rechenleistung lieferten.[16] Dessen ungeachtet hat-

te die *Digital Equipment Corporation* (DEC) bereits 1960 einen ersten Minicomputer aus transistorisierten Schaltkreisen zusammengebaut und ihn mit Lochstreifenleser, Lichtgriffel, Fernschreiber und einem Oszilloskop ausgerüstet. Der *Programmed Data Processor* (PDP) kombinierte logische Schaltkreise, aus denen DEC bislang digitale Steuerungen hergestellt hatte, zu einem Rechner, der eine deutlich geringere Leistungsfähigkeit aufwies als jede IBM-Maschine. Die geringen Anschaffungskosten, die kurzen Antwortzeiten, die radikal einfache Befehlssammlung und die direkte Bedienbarkeit machten aus den DEC-Geräten, die man gar nicht als Computer bezeichnen wollte, ein äußerst erfolgreiches Nischenprodukt. Programmieren musste jeder Anwender ja ohnehin. Dies auf einer erschwinglichen Maschine zu tun, ohne von einem Rechenzentrum oder einem IBM-Betriebssystem ständig auf den Unterschied zwischen Erlaubtem und Nichterlaubtem hingewiesen zu werden, war ziemlich attraktiv. Vor allem der seit 1965 erhältliche DEC-Minicomputer PDP-8 erweiterte den digitalen Raum um einen veritablen Archipel mit Zehntausenden von kleinen, selbständig programmierbaren Inseln.[17] Damit hatten die IBM-Strategen 1961 nicht ernsthaft gerechnet.

Vollkommen außerhalb des Sichtfeldes der Strategie von IBM lag zweitens die *Verbindung* zwischen Rechnern. In der Welt der Mainframes war bei den Terminals tatsächlich Endstation. Was in der Rechnerwelt von IBM verbunden werden musste, war die Peripherie mit ihrem Zentrum – Speicher, Magnetbandstationen, Lochkartenleser, Drucker, Bildschirme und Tastaturen mit dem Prozessor.[18] Für einen großen Daten- oder Programmaustausch gab es die physische Paketpost. Sie konnte Bänder und Lochkarten ganz konventionell ins nächste Rechenzentrum transportieren. 1966 wurde zur Erleichterung des Informationsaustauschs – auch zwischen Rechnern unterschiedlicher Hersteller – eine amerikanische Magnetbandnorm ausgearbeitet.[19] Mussten Daten hingegen partout elektronisch übertragen werden, dann sollten dafür gewöhnliche Telefonleitungen reichen, und darum sollten sich die zuständigen Telekommunikationsanbieter gefälligst selber kümmern.[20]

Bei Licht betrachtet kam – drittens – auch die IBM-Strategie eines einheitlichen Betriebssystems sehr schnell in Schwierigkeiten. Es büßte gleich nach der Einführung genau diese »Einheitlichkeit« ein, da es ständig erweitert und speziellen Kundenbedürfnissen angepasst werden musste. Ende der 1960er Jahre gab es angekündigte, aber noch nicht ausgelieferte Versionen und ausgelieferte, aber noch nicht voll funktionstüchtige Zusatzmodule dessen, was einst als unproblematische Allround-Lösung angepriesen worden war.[21]

Strategische Grundannahmen und andere bisherige Selbstverständlichkeiten gerieten bei IBM, aber ebenso bei den Konkurrenten und bei den Kunden ins Wanken. Die Lage wurde unübersichtlich, bei der Hardware und bei den Betriebssystemen wurden ganz neue Themen bedeutsam. Man hätte also durchaus von einer Krise sprechen können.[22] Für Computerspezialisten war das allerdings keine Option. Sie mochten über das eigenwillige äußere Erscheinungsbild von Programmierern lästern,[23] die fatalen Folgen unübersichtlicher Softwarepläne beklagen[24] oder den Teufel an die Wand malen, weil Betriebssysteme immer mehr Rechenkapazität beanspruchten.[25] Das Wort »Krise« kam ihnen dabei nicht über die Lippen. Die Prozessoren funktionierten, und die Software ließ sich mit hinreichender Geduld an die Bedürfnisse der Nutzer anpassen. Nur in einem einzigen von 1287 Artikeln, die die Association for Computing Machinery zwischen 1967 und 1973 zum Thema Software publizierte, wurden die Wörter »software« und »crisis« direkt nebeneinandergestellt, selbstverständlich in relativierenden Anführungszeichen. Der Titel des Beitrags hingegen sprach unumwunden aus, woran man Ende der 1960er Jahre besonders intensiv arbeitete. Es ging um nichts weniger als um »maschinenunabhängige Software«, also um die Frage, wie Programme so konzipiert werden könnten, dass sie sich von einem Computer zum nächsten übertragen ließen.[26]

Für IBM war maschinenunabhängige Software eine Selbstverständlichkeit, aber nur, wenn es um IBM-Maschinen ging. Ihre Prozessorfamilie wurde ja gerade deshalb von einem einzigen Betriebssystem zusammengehalten, das alle IBM-Programme unterstützte. Damit sollte sichergestellt werden, dass IBM-Kunden auch IBM-Kunden blieben, wenn sie eine leistungsstärkere Maschine anschaffen wollten. Alles, was für ihre bisherige Anlage an Code produziert worden war, sollten sie auf den neuen Rechner übertragen können. Maschinenunabhängige Software war für IBM gleichzeitig aber auch eine Horrorvorstellung. Watts S. Humphrey war in den 1960er Jahren im Stab der Firmenleitung für Softwareentwicklung und *systems engineering* zuständig. Eindrücklich schildert er, welche Aufregung bei IBM entstand, als ein Konkurrent nicht etwa am unteren Rand der Prozessorpalette, sondern mitten im IBM-Hardwareportfolio ein eigenes Angebot platzierte. 1965 kündigte die *Radio Corporation of America* (RCA) ihre »RCA Spectra 70« an. Der Elektronikriese, der schon immer für Apparate ohne Inhalte zuständig war, wollte eine Maschine bauen, auf der sich IBM-Software problemlos installieren ließ.[27]

Das war ein Frontalangriff auf die Hardwarebastion von IBM, der gravierende Folgen für die Softwareproduktion haben musste. Bei IBM schrieb man nur noch auf Wandtafeln, die nach jeder

Sitzung abgewischt wurden. Nichts, aber auch gar nichts durfte nach außen dringen. Wenn Software- und Datenkompatibilität nicht nur für IBM-Maschinen, sondern für alle Computermodelle gelten würde, geriete das ganze Geschäftsmodell von IBM ins Wanken. Zum ersten Mal passte sich eine Konkurrentin dem Kurs der Prozessorflotte von IBM nicht durch Umschiffen, sondern durch konsequentes Mitschwimmen an. Ihr neues System werde die Programme der RCA-Rechner 3301, 301, 501 »und anderer Systeme« unterstützen, hieß es in einer Werbebroschüre der RCA. Befehle, Formate und Codierung seien identisch mit System/360 von IBM. Und als ob damit nicht schon alles gesagt gewesen wäre, erklärten die RCA-Firmenstrategen nochmals langsam und zum Mitschreiben, RCA-Kunden könnten bald schon »RCA-Maschinen neben die bereits vorhandenen Maschinen stellen, ohne die Investitionen in Programme abschreiben zu müssen«.[28]

Damit feierte der Elektronikriese den Primat des Prozessors so radikal, dass die IBM-Software auf höchst unliebsame Weise mobil wurde. Auch wenn sich RCA in der Vergangenheit mit besonders großen Versprechen bemerkbar gemacht hatte, die nicht gerade von Erfolg gekrönt waren, musste IBM mit einem Erfolg von RCA rechnen.[29] Sollten Anwendungsprogramme in Zukunft fester, vielleicht sogar mit kryptographischen Mitteln an Maschinen gekoppelt werden, oder musste man sie separat verkaufen?[30] Der Angriff auf das Geschäftsmodell von IBM erfolgte also über die Hardware. Dies führte zu einer intensiven Diskussion darüber, was Software eigentlich sei, ob sie sich als eigenständiges Produkt leasen, lizenzieren oder verkaufen lasse. Ob man Software überhaupt stringent beurteilen konnte, war ebenso unklar wie die Frage, wie ihr Preis zu bestimmen sei. Konnten zukünftige Besitzer einer RCA Spectra 70-Maschine für die Verwendung von

IBM-Software zur Kasse gebeten werden, ohne dass klar war, was treue IBM-Kunden dafür bezahlt hatten und was sie mit ihren Programmen tun durften? Irgendwie musste das gut verpackte Bündel von Apparatur, Code und Service aufgeschnürt und seine Inhalte als kommerziell eigenständige Produkte neu verpackt werden. Im Juni 1969 gab IBM bekannt, Software und Hardware in Zukunft getrennt zu vermarkten.[31]

Dieser »unbundling«-Entscheid gilt als die Geburtsstunde einer eigenständigen Softwareindustrie. Hunderte von neuen Firmen entstanden, die nichts anderes taten, als die lieferbare und gekaufte Hardware softwareseitig an spezielle Kundenbedürfnisse anzupassen. Der digitale Raum wurde von neuen Aufmerksamkeitsregeln strukturiert und erlebte eine präzedenzlose Veränderungsdynamik. Die laufenden Einrichtungsvorhaben hatten vielfältigere Nutzungswünsche artikulierbar gemacht, als sich hatte voraussehen lassen. Und es war klar, dass sich die Interaktionen der Welt leichter in Anwendungsprogramme übersetzen ließen, als sie von spezialisierter Hardware hätten umgesetzt werden können. Das war die Entdeckung einer veritablen Goldmine für all jene, die sich bislang bei Hardwareproduzenten mit Software beschäftigt hatten und nun das Glück in einer eigenen, nur noch auf Software spezialisierten Firma suchten.

Die Softwareproduktion erlebte jedoch Anfang der 1970er Jahre nicht nur einen Boom, sondern auch eine konzeptionelle Veränderung, die viel tiefer ging als die Frage nach ihren Verkaufsformaten. Wenn Software ihre Übersetzungsleistungen erhöhen und unabhängiger von Hardware werden sollte, dann musste erstens klarwerden, was Software von Hardware unterschied, sprich: welche Probleme eher mit Schaltkreisen, Kabeln und (bei den Druckern) mit Ketten und welche wohl besser mit Flussdiagrammen, Befehlskaskaden und Programmen gelöst werden konnten. Zweitens mussten die Leistungen nicht nur von Hardware, sondern eben auch von Software beurteilbar gemacht werden. Es bedeutete aber auch, dass Softwareentwicklung generalisierbar und abstrakter, vielleicht sogar formal beschreibbar werden musste. Am ehesten war diese Aufgabe von jenen Kreisen zu bewältigen, die sich mit der Entwicklung von Programmiersprachen beschäftigten, zum Beispiel von der 1962 gegründeten Arbeitsgruppe 2.1 der Internationalen Vereinigung für Informationsverarbeitung (IFIP). Sie hatte es sich zur Aufgabe gemacht, die Einsatzmöglichkeiten der weit verbreiteten Programmiersprache Algol 60 systematisch zu überarbeiten und dabei eine präzis definierte, formal beurteilbare und nach Bedarf ausbaubare Programmiersprache zu entwickeln.

Um eine auf verschiedenen Rechnern einsetzbare Programmiersprache zu entwickeln, konzentrierte man sich in der neuen IFIP-Arbeitsgruppe auf die Syntax und versuchte die Semantik auf einen möglichst knappen Sprachkern zu reduzieren. Das machte viele abstrakte Vorentscheidungen nötig, über deren Zweckmäßigkeit man sich trefflich streiten konnte. Das Meinungsspektrum innerhalb der Arbeitsgruppe unter der Leitung von Adriaan van Wijngaarden wurde immer größer, ein Abschlussbericht mit konkreten Resultaten der Kommissionsarbeit rückte in immer weitere Ferne. Grundsätzliche Beiträge von einzelnen Mitgliedern waren kaum mehr miteinander in Einklang zu bringen. Ein Proposal jagte das nächste. Die Materialien der Arbeitsgruppe ließen sich nicht mehr überblicken. So gab es den überarbeiteten Bericht über Algol 60 (1962) und die Vorschläge für eine neue Sprache (1964) sowie den Vorschlag für eine Einleitung über die Ziele der Arbeitsgruppe (1965) von Peter Naur. Gerhard Seegmüller

präsentierte 1965 einen Vorschlag für eine Grundlage für einen
Bericht, während Niklaus Wirth gleich einen Vorschlag für den
ganzen Bericht lieferte. Adriaan van Wijngaarden äußerte sich
1965 ganz generell zu Fragen des Designs und der Beschreibung
einer formalen Sprache, Barry J. Mailloux schrieb im Oktober 1966
einen neuen Entwurfsvorschlag, John E. L. Peck im Mai 1967 einen
zweiten, dem er im selben Jahr einen dritten folgen ließ. Danach
kamen ein vorletzter und ein letzter Berichtsentwurf (1968), und
noch bevor die Algol-68-Gruppe den Schlussbericht verabschie-
den konnte, traten einige der radikalsten Mitglieder unter Protest
aus und veröffentlichten einen Minderheitsbericht.[32]

Computerhistoriker haben daran ihre Rede von der »Software-
krise« geknüpft[33] und übersehen, dass die Algol-68-Befürworter
kaum andere Ziele verfolgt haben als diejenigen, die dagegen
opponierten. Beiden Lagern ging es um Formalisierung, um Be-
urteilbarkeit, um die regelgeleitete Produktion von Regeln. Und
das war sehr voraussetzungsreich. Die wechselseitigen Vorwürfe
zwischen der Arbeitsgruppe und ihren Dissidenten reichten von
exzessivem Formalismus bis zu fahrlässigem Pragmatismus, von
ineffizienter Detailversessenheit bis zu logischer Inkonsistenz
und geringer Relevanz für die Praxis. Der offizielle Bericht dankte
den Abgesprungenen noch einigermaßen dezent für »gute Zusammenarbeit, Unterstützung, Interesse«, ja sogar für heftige
Einwände. Der Minderheitsbericht klagte hingegen über offen-
sichtliches Versagen, Manierismus, Unzugänglichkeit, schwere
Defizite und die Unbrauchbarkeit von Algol 68 als Programmier-
werkzeug.[34] Das Ziel der einen, ein Instrument zu entwickeln, mit
dem man auf elegante Weise komplexe Programme schreiben
konnte, war dem Ziel der anderen, eine möglichst saubere und
gut beurteilbare Programmiersprache zu entwickeln, zum Ver-

wechseln ähnlich.[35] In beiden Fällen ging es um die Frage, wie das Programmieren von seinen handwerklichen Ursprüngen einerseits und von den elektrotechnischen Vorgaben andererseits zu emanzipieren sei. Man könnte auch sagen, die Auseinandersetzung um Algol 68 gehöre zu den kaum überraschenden Geburtsschmerzen einer akademischen Disziplin namens »Informatik« im Spannungsfeld zwischen angewandter Mathematik, Elektrotechnik und Physik.[36]

1972 hielt der Wortführer der Opposition gegen Algol 68, Edsger Dijkstra, seine Turing-Award-Rede mit dem selbstbewussten Titel »The Humble Programmer«.[37] Darin erzählte er gleich zu Beginn von einem Gespräch, das er 1955 als junger Student in Amsterdam mit Adriaan van Wijngaarden geführt habe, dem nachmaligen Spiritus Rector der Algol-68-Arbeitsgruppe. In diesem Gespräch ging es laut Dijkstra um die Frage, ob Programmierer überhaupt ein anständiger Beruf sei und wo dereinst das Wissen herkommen werde, um die Arbeit von Programmierern intellektuell aufzuwerten. Van Wijngaarden fragte Dijkstra nach langem Zuhören, ob er nicht selbst zu denjenigen gehören wolle, die aus dem Programmieren eine respektable Disziplin machen würden.[38] Anekdoten sind nicht weniger anpassungsfähig als Software. Beide lassen sich situationsgerecht einsetzen. Im Fall des Algol-68-Gegners Dijkstra diente die Anekdote zur hagiographischen Absicherung dessen, was selbstbewusste Informatiker in den frühen 1970er Jahren gerade unter dem tautologischen Begriff »structured programming« und dem Oxymoron »software engineering« anzupreisen begannen.[39]

Einrichten

Die Entwicklung des digitalen Raums in den 1970er Jahren und die Vorstellungen davon, wie sich diese Entwicklung kontrolliert verallgemeinern lasse, brachen mit dem Primat des Prozessors, für den sich IBM 1961 entschieden hatte. Das Angebot an Hardware und Software wurde differenzierter, während die Regeln abstrakter und die Verfahren generalisierbar wurden. Damit konnte mit Maschinen und Programmen zwar immer mehr versprochen und die Nachfrage »antizipiert« werden. Bei genauerem Hinsehen zeigte sich aber auch, dass eben dieses Angebot erst nach viel Einrichtungsarbeit an den Punkt gebracht werden konnte, wo es ungefähr den Bedürfnissen entsprach und es sich für die Kunden lohnte, einen Rechner zu kaufen und dann erst mal auf den nächsten Softwarerelease oder auf ein Zusatzgerät warten zu müssen.

Diese Einrichtungsarbeiten sollen im Folgenden an drei Umzugsprojekten beobachtet werden. Alle drei Projekte stammen aus dem deutschsprachigen Raum der frühen 1970er Jahre. Eines verfolgte ein unspektakuläres, das zweite ein ambitioniertes und das dritte ein umstrittenes Ziel. Um im digitalen Raum ein neues Handlungsfeld zu strukturieren, mussten alle drei Projekte die lokalen Verhältnisse in schreibbare Software und installierbare Hardware übersetzen beziehungsweise verfügbare Soft- und Hardware den lokalen Verhältnissen anpassen. Dafür brauchte es Berater, Programmierer, Manager, Ingenieure, Eingeweihte und Experten, die sich um die große Einrichtungsarbeit kümmern konnten.

Das erste Beispiel handelt von einem Projekt mit sehr über-

sichtlicher Ausgangslage. Im Herbst 1968 beauftragte die Stadt-
und Kurverwaltung im bayerischen Bad Wörishofen das Institut
für Unternehmensberatung und Entwicklungsplanung sowie das
Geographische Institut der Technischen Universität München mit
der Ausarbeitung einer kommunalen Entwicklungsplanung. Das
Projekt sah vor, den »Führungsstil« im Fremdenverkehrsmanage-
ment zu reorganisieren und dafür ein »Kurinformationssystem«
für jährlich »60 000 Kurgäste und 1,2 Millionen Übernachtungen
in 260 Kurbetrieben« aufzubauen.[40]

Die Experten für Unternehmensplanung kümmerte weder
die therapeutische Frage Sebastian Kneipps, wie seine Wasser-
kur anzuwenden sei, noch die normative Frage, wie Gesunde
und Kranke leben sollten.[41] Vielmehr berichteten Bernd Bienek
und Volker Kreibich in den IBM-Nachrichten von 1970 darüber,
dass die »Entwicklung, Durchsetzung und Kontrolle eines lang-
fristigen Entwicklungskonzepts« für das Kneippbad den »Aufbau
eines umfassenden Informationssystems notwendig« mache.
Denn unter den Bedingungen immer differenzierter werdender
Fremdenverkehrsmärkte versage die »konventionelle Steuerung«
betrieblicher Abläufe durch »Entscheidungen, die vorwiegend auf
Erfahrung und Emotionen basierten«.[42]

Das Problem einer sich ausdifferenzierenden und stark wachsenden Kundschaft sollte diagnostisch mit einem Informationssystem, therapeutisch mit einer Ausdifferenzierung des Angebots
und normativ durch Entscheidung und Steuerung jenseits der
Konventionen ermöglicht werden.[43] Managementinformationen
aber ließen sich in der gewünschten Differenziertheit nur mit Hilfe einer elektronischen Datenverarbeitung liefern, befanden die
Experten, und ein Informationssystem führe gleichzeitig auch zu
einer Rationalisierung verschiedener Verwaltungsprozesse. Eine

solche Projektrhetorik war nicht auffällig. Sie ging schlicht von der konsensfähigen Annahme aus, dass sich die Kundschaft mit ihren divergierenden Ansprüchen, Reisemotiven und Konsumgewohnheiten stark verändert hatte und deshalb ein differenzierteres Angebot erwartete.[44]

Damit war die Begründung für den Umzug der konventionellen Kurgastverwaltung in den rechnergestützten Raum eines informationell aufgerüsteten Handlungsfeldes für Management und Marketing geliefert. Wie aber ließ sich der Umzug durchführen? Im Sommer 1969 fand eine »Analyse des bisherigen Gästemeldewesens« und der »darauf aufbauenden Kurstatistik und Kurabgaben-Abrechnung« statt. Medial basierten diese Daten auf dem amtlichen Meldeschein, den Gäste bei ihrer Ankunft im Hotel auszufüllen hatten und der von jedem Betrieb an die Kurverwaltung weitergeleitet wurde. Das war analytisch, prozedural und argumentativ gesehen ein wunderbarer Ansatzpunkt für die Operationalisierung eines neuen Informationssystems. Auch Formulare reduzieren Komplexität, formatieren die Verhältnisse und strukturieren Prozeduren. Sie waren das Substrat des bisherigen analogen Informationssystems der Kurverwaltung und konnten besonders leicht in digitale Verfahren übersetzt werden.

Die Unternehmensberater gingen Schritt für Schritt vor. Indem sie den Weg des ausgefüllten Meldeformulars durch die Verarbeitungsmühlen der Verwaltung verfolgten, schufen sie sich gleichzeitig eine Liste mit Schwachstellen, einen Katalog von Ausbaumöglichkeiten und ein strukturiertes Übersetzungsprogramm. Die Beschreibung des »klassischen Informationssystems« wurde zum Beurteilungsinstrument für das alte und zur Referenz für das neue Programm. Die Experten notierten alles, was im bisherigen Meldewesen nach ineffizientem Aufwand und defizitärem Ergebnis roch. Dazu gehörte die mehrfach notwendige Übertragung von Formularinhalten. Wo ein städtischer Amtsbote Formulare durch die Kleinstadt trug oder wo die Abreise von Gästen durch »Ausstricheln« notiert wurde, um die jährlichen Angaben an die Landesstatistik vorzubereiten, hielt der Projektbericht mit besonderem Genuss inne. Auch die Gästestatistik mit ihrer rustikalen Unterscheidung von »Inlandsgästen« und »Auslandsgästen« hatte es Bienek und Kreibich angetan.[45]

Der Umzug der Kurverwaltung von Bad Wörishofen in den digitalen Raum war kein revolutionärer Akt. »Die wichtigste Grundlage für dieses System stellt nach wie vor der Meldeschein dar«, heißt es im Bericht von 1970. Er sei durch Hinzufügen eines Kurzfragebogens aussagekräftiger gemacht worden und lasse sich gleichzeitig als »Ablochbeleg« verwenden. Entscheidend war, dass der Meldeschein nun für die Übertragung auf eine »Gäste-Stammlochkarte« vorbereitet war und dass alle Daten von der Verwaltung mit Hilfe des Kartenlochers IBM 29 auf Lochkarten übertragen werden konnten.[46]

Erst jetzt ging es ans Vereinfachen, und zwar bei der Kurabgabenabrechnung und der Kurkartenverwaltung. Bei den Hoteliers wird sich die Begeisterung über den erzielten Fortschritt in Grenzen gehalten haben. Zwar gehörten nun die Zustellung der Kurkarten und »das tägliche Inkasso der Kurabgabe durch den städtischen Amtsboten« der Vergangenheit an. Zudem hatte das neue Verfahren den unschätzbaren Vorteil, dass die Kurverwaltung ein monatliches Inkasso der Gebühren »im Bankeinzugsverfahren vom Konto des Beherbergungsbetriebs« einrichten konnte. Das alte Meldeformular von Bad Wörishofen hatte nach seiner Übersetzung in eine erweiterte Gäste-Stammlochkarte den Anschluss an das bayerische Banksystem gefunden – und an einen Rechner in der Landeshauptstadt. Einmal pro Monat wurden nämlich auf einer System/360-Maschine im IBM-Rechenzentrum München sämtliche Listen erstellt, die für die Kurabgaben-Abrechnung gebraucht wurden. Diese Listen stellte man den Beherbergungsbetrieben zu. Sie waren als detaillierte Abrechnungen zu lesen.[47] Gleichzeitig lieferte das Rechenzentrum eine monatliche Betriebsstatistik über die Hotelgäste, sortiert nach Geschlecht, Alter, Herkunft, Gruppenstruktur, Besuchshäufigkeit, Transportmittel, Aufenthaltsgrund und Berufskategorie. Sogar die Kosten für die Berechnung der Betriebsstatistik wurden ausgewiesen »und bei Fälligkeit« vom Konto des Betriebs abgebucht. Die Kurgäste brauchten in diesem System kaum etwas anderes zu tun, als sie von früher gewohnt waren. Aber das Meldewesen des Kurorts wurde organisatorisch auf den Kopf gestellt, das Inkasso der Kurtaxe im bargeldlosen Zahlungsverkehr automatisiert, die Gäste wurden auf Lochkarten erfasst, eine monatliche Betriebsstatistik erstellt und die Kosten für die anfallende Rechenzeit auf die Betriebe verteilt. Die Lastschriftzettel und Banklisten kamen, wie die Rechnungen und Berechnungen, aus dem Computer in München.

Etwas in den Hintergrund geriet bei diesem Projekt der ursprüngliche Auftrag mit seinem Entwicklungs- und Rationalisierungsanliegen. Der Hauptvorteil der Computerlösung liege, so hielten Bienek und Kreibich in den IBM-Nachrichten nämlich fest, »nicht in finanziellen Einsparungen, sondern im Informationsgewinn«. Immerhin war das System ausbaufähig, zumal im benachbarten Kaufbeuren inzwischen ein IBM System/360-20 stand, also die Antwort von IBM auf den Erfolg der Minicomputer von DEC. Damit konnten die Experten ihre Auftraggeber beruhigen: Aus der Gäste-Lochkartenkartei werde man demnächst eine Stichprobe ziehen und mit 2000 Gästen ein ausführliches Interview führen. Der Computer lieferte zu diesem Zweck »eine Liste der Zielpersonen, Lochkarten mit Namen und Adressen« und Lochkarten »mit sämtlichen Daten des Gästescheins und Kurzfragebogens zur Überwachung der Interviewer«. Die Kurgastbefragung war Teil des Gesamtinformationssystems der Fremdenverkehrsgemeinde geworden. Dieses ließ sich nun kontinuierlich erweitern, etwa um eine rechnergestützte Zimmervermittlung oder für den Aufbau einer Gästeadresskartei, ja man wagte sich sogar an die Frage, wie die langfristige Entwicklung der Fremdenverkehrsgemeinde aussehen könnte. Der ursprüngliche Auftrag konnte also doch noch in Angriff genommen werden.[48]

Mein zweites Beispiel für ein Projekt, das große Einrichtungsarbeiten im digitalen Raum in Angriff nehmen wollte, hatte abstrakt gesehen ähnliche Ziele und war doch ungleich ambitiöser als das Projekt in Bad Wörishofen. 1969 beschloss die Schweizerische Bankgesellschaft (SBG), ihr Informationssystem auf ganz neue Grundlagen zu stellen. Für eine alle Facetten des Finanzgeschäfts abdeckende Bank, die bei rasantem Wachstum eine immer differenziertere Kundschaft und eine immer breitere Palette von Geschäftsformen unterstützen wollte, schien das naheliegend. Die SBG hatte seit fast zehn Jahren Erfahrungen mit Rechnern gesammelt, die Kassen waren zum Bersten voll, das Wachstum des Finanzwesens nicht zu bremsen. Kredite, Börsengeschäfte, Hypothekenverwaltung, Devisenhandel und internationaler Zahlungsverkehr für Firmen und Privatkunden in jeder Größenordnung sollten nun im digitalen Raum abgewickelt werden können. Es ging also um sehr viel Geld und Personal, um viele Kunden und um eine unüberschaubare Menge an Transaktionen.

Union Bank Information System Concept (Ubisco) hieß das Projekt, mit dem die Bank von der zeitverzögerten Stapelverarbeitung wegkommen und auf ein *real-time*-Onlinesystem wechseln wollte, denn in der Welt der Banken war vieles ähnlich zeitkritisch wie in der Welt der Raumfahrt.[49] Mit einer voll integrierten, in zwei Projektstufen zu realisierenden Datenverarbeitung im *real-time*-Modus wollte die Bank alle Varianten ihres Geschäfts erfassen. Dabei waren jene Technologien zu verwenden, die auch für die Raumfahrt, das Militär und für anspruchsvolle Forschung zum Feinsten gehörten, was überhaupt erhältlich war.[50]

Erste Versuche mit ausgewählten Transaktionen auf brandneuen UNIVAC 494-Maschinen hatten 1969 und 1970 vielversprechende Resultate gezeigt. Auch der Blick auf das, was die Konkurrenz gerade tat, lieferte der SBG-Leitung argumentative Unterstützung für ihr Projekt.[51] Die SBG wusste, wie sich Rechner für das Bankgeschäft einsetzen ließen und war zuversichtlich, dieses Wissen mit dem Supercomputer-Hersteller *Control Data Corporation* (CDC) in einem gemeinsamen Projekt teilen zu können.[52] Man ging also aufs Ganze und versuchte, die Risiken der Zusammenarbeit mit CDC, die auf wissenschaftliches Rechnen spezialisiert war und zum ersten Mal für eine Großbank arbeitete, durch vertragliche Bestimmungen in Grenzen zu halten. Dennoch scheiterte das Projekt. Zwischen 1974 und 1980 fand Ubisco nur noch in Anwaltskanzleien und Gerichten statt.[53]

Woran Ubisco gescheitert ist, lässt sich nicht eindeutig feststellen. Der Streit zwischen den Projektpartnern endete denn auch in einem außergerichtlichen Vergleich. Zum einen wurde das *Transaction Oriented Operating System* (TOOS) zu einem Problem. Dieses Betriebssystem sollte eng mit einer Datenbank interagieren und neben den üblichen Betriebssystemaufgaben auch

Kommunikationsfunktionen, ein Datenbankmanagement, ein Transaktionsmanagement und ein Aufzeichnungssystem für alle Prozesse betreiben. Dieses Konglomerat begann man bei CDC auf dem neuesten hauseigenen Betriebssystem aufzubauen.[54] Doch mitten in der Entwicklungsarbeit entschied CDC, auf ein älteres und erprobtes Betriebssystem zurückzugreifen, das sich inzwischen auch für real-time-computing eignete – TOOS musste nun also umgeschrieben werden, was nicht nur einen riesigen Arbeitsaufwand bedeutete, sondern auch zu strukturellen Mängeln führte. Beim Betriebssystem hatte sich CDC offensichtlich verrannt.[55]

Zum andern scheiterte Ubisco wohl auch an der riesigen Übersetzungsarbeit bei den Anwendungsprogrammen. Diese wurden im Wissen um die Komplexität bankspezifischer Verfahren von der Bankgesellschaft selbst entwickelt. Damit geriet man aber gegenüber dem Projektplan schnell in einen Rückstand. Das war auch kein Wunder. Eine Datenbank zu bauen und zu betreiben, die alle Anwendungen integrieren und mit einem ausgedehnten Terminalnetzwerk im real-time-Modus eine riesige Anzahl gleichzeitiger Transaktionen à jour halten sollte, war in seiner Komplexität präzedenzlos. Die Prioritätenliste sah nur übersichtlich aus, ohne Übersicht zu bewirken. Darin kam die Datenbank zwar unbestritten an erster Stelle. Gleich danach aber kamen die Anwendungsprogramme. Sie mussten die Kategorien unterschiedlicher, von der Bank getätigter Transaktionen (wie den Zahlungsverkehr, das Autorisierungssystem, die Wertschriftenverwaltung und das Schaltergeschäft) ins Digitale übersetzen. An dritter Stelle der Prioritätenliste folgten die sehr viel konkreteren Vorgänge wie Kontoverwaltung, Buchhaltung, Wertschriftenhandel, Börsentransaktionen, Managementinformationen und, immerhin als

Anzeige und Sammelbegriff, »neue Projekte«.[56] Aber letztlich hing alles miteinander zusammen und erlaubte keine markanten Verzögerungen in den rechnergestützten Transaktionen.

Beide Partner im Ubisco-Projekt handelten sich mit ihrem Vorgehen und ihren weitreichenden Ansprüchen auf der einen und Versprechen auf der anderen Seite ein massives Zeitproblem ein und scheiterten an der Komplexität des Projekts. Wie auch in anderen anspruchsvollen Computerprojekten gelang es nicht, die im Kleinen erprobten und lösbaren Aufgaben ins Große zu übersetzen.[57] Die SBG versuchte, das Problem durch zusätzliches Personal zu lösen. Aber dieses war mit den spezifischen Problemlagen immer weniger vertraut. CDC hingegen schien die Erfahrungen von IBM bei der Entwicklung von System/360 zu nutzen, spielte auf Zeit und verlagerte sogar Personal in andere, aussichtsreichere Projekte.[58] Die Bank warf dem Projektpartner Vertragsbruch vor und konnte klare Funktionsmängel der CDC-Entwicklungen an der Schnittstelle von Hardware und Betriebssystem nachweisen. Den eigenen Rückstand in Bezug auf die Anwendungsprogramme konnte die Bankgesellschaft vorerst geheim halten. Diese Schieflage musste jedoch früher oder später jede zielführende Zusammenarbeit ruinieren. 1974 konnte man sich nicht einmal mehr auf ein neutrales Verfahren einigen, mit dem man die Situation hätte beurteilen können.[59]

Auf dem Weg in den digitalen Raum gab es, das zeigte Ubisco ebenso wie viele andere Großprojekte, keine Abkürzungen. Vielleicht hätte das Projekt eine Chance gehabt, wenn der Aufwand von Anfang an richtig eingeschätzt worden wäre. Ein Blick darauf, was andere Banken bei der Verlagerung ihrer Transaktionen in den digitalen Raum gelernt haben, weist jedoch in eine andere Richtung: Bankgeschäfte konnte man in den 1970er Jahren nur

dann in einem umfassenden Sinn in den digitalen Raum verlagern, wenn die Grundstrukturen einer Bank neu überdacht
wurden. Dafür musste man im Rechner mehr sehen als ein Instrument, mit dem sich die Verarbeitung von (hochkomplexen)
Informationen beschleunigen ließ. Das Ubisco-Projekt zentralisierte das Problem der Informationsverarbeitung auf radikale
Weise und wollte aus den Filialen der SBG organisatorische Terminals machen. Bei der größten Konkurrentin – der SKA – er-
kannte man dagegen schon bald, dass die Bank als Organisation
zu restrukturieren war, damit ihre Geschäfte im digitalen Raum
abgewickelt werden konnten, und umgekehrt.[60] Und bei der besonders wendigen Konkurrenzbank aus Basel, dem Schweizerischen Bankverein (SBV), ging man bei der Vorbereitung eines
Real Time Banking System von Anfang an davon aus, dass die Verlagerung der Bank in den digitalen Raum eine neue Organisa-
tionsstruktur voraussetzte. Noch bevor darüber debattiert wurde,
mit welcher informationstechnischen Apparatur gearbeitet werden sollte, diskutierte die Generaldirektion des SBV neue Funk-
tionsmodelle für ihre verschiedenen Arbeitsbereiche. Zusammen
mit den Direktionen der großen Niederlassungen legten sie ein
langfristiges Entwicklungskonzept fest, das Rechnerwahl, Wirtschaftlichkeit, Personalschulung, Sicherheit und Projektorgani-
sation bestimmte.[61]

Das dritte Beispiel für die aufwendigen Einrichtungsarbeiten
in der digitalen Welt handelt von der Verlagerung der Tätigkeiten
des Bundeskriminalamts (BKA) in Wiesbaden in den digitalen
Raum. Wie in Bad Wörishofen ging es auch beim BKA um die
Übersetzung von Meldescheinen in digitale Formate, wie bei
Ubisco bewegte sich der Spieleinsatz an der Grenze dessen, was
informationstechnisch möglich war. Und stets ging es um eine

angemessene Antwort auf Wachstumsprobleme. Das Ziel einer rechnergestützten Polizeiarbeit erforderte jedoch einen so komplexen Lernprozess der Beteiligten und Betroffenen, dass gar nicht mehr klar von Erfolg oder Misserfolg gesprochen werden kann. Das Projekt verwandelte sich in seiner Entwicklungszeit von einer angemessenen Antwort auf zeitgenössische Probleme der Polizeiarbeit in eine unerschöpfliche Quelle politischer Auseinandersetzungen. Die Verlagerung der polizeilichen Fahndung in den Rechner wurde Ende der 1970er Jahre unter dem Stichwort »Rasterfahndung« sogar zum Prüfstein für das bundesrepublikanische Selbstverständnis.[62]

Ende Oktober 1969 versprach der neu gewählte Bundeskanzler Willy Brandt, ein Sofortprogramm zu lancieren, mit dem die Verbrechensbekämpfung intensiviert und modernisiert werden sollte. Der statistisch ausgewiesene Anstieg der Kriminalität, die demoskopisch registrierbare Verunsicherung der Bevölkerung und die notorische Rede von einer Krise der Polizei ließen sich nicht mehr ignorieren. Der Eindruck von unzureichender Koordination, chronischem Personalmangel und schlechter Ausrüstung der Sicherheitskräfte hatte sich in der öffentlichen Meinung im Lauf der 1960er Jahre zu einer stabilen Diagnose verfestigt. Allein schon deshalb konnte Brandts Sofortprogramm mit einer breiten Akzeptanz rechnen. Aber auch Eduard Zimmermanns Fernsehsendung *Aktenzeichen XY ungelöst* zeigte seit 1967, wie gern sich die Fernsehnation mit der Kriminalität beschäftigte. Mit Spielfilmsequenzen, Zeugenaussagen, Tatortbeweisen und Expertisen und mit den telekommunikativ gebündelten Rückmeldungen des Publikums ließ sich erfolgreich Fernsehen, aber auch Staat machen. Während die kriminalistische Unterhaltungsshow des ZDF die Publikumsgehirne mit furchterregenden Szenen auf dunklen

Waldstraßen stimulierte und zu einer großen Suchmaschine ver-
netzte, wählte die technokratisch orientierte Bundesregierung das
Bundeskriminalamt zum Ort des Schreckens – nämlich zu einem
Ort, an dem überfüllte Aktenschränke und Millionen von Karteikarten kaum mehr erfolgreich durchsucht werden konnten. Das
BKA in Wiesbaden wurde zum Inbegriff der organisatorischen
Ineffizienz und technologischen Rückständigkeit der gesamten
deutschen Polizei. Tatsächlich ging jedem Befehl zum polizeilichen Zugriff eine oft wochenlange Wühlarbeit in den Akten und
Karteikarten des BKA voraus. Automation, Zentralisierung und
vereinheitlichte Informationsverarbeitung sollten diese Arbeit so
beschleunigen, dass aus der verstaubten Briefkastenbehörde ein
führender Produzent innerer Sicherheit werden konnte. Darum
wollte das Bundesinnenministerium dafür sorgen, dass das BKA
»bis zum Jahresende 1972 über eine eigene Datenverarbeitungs-
anlage verfügen« werde.[63]

Das Projektziel war also festgelegt und die dafür notwendi-
gen Mittel wurden freigegeben. Dennoch wollten die Umzugsarbeiten nicht recht vom Fleck kommen. Das BKA hatte sich auf
den komplexen kriminalpolizeilichen Meldedienst konzentriert.
Das hieß, die feinsten Verästelungen in der Zusammenarbeit
zwischen Bund und Ländern mussten berücksichtigt werden.
Zur Beschleunigung des Beschleunigungsverfahrens bestellte das
Innenministerium nun externe Experten in die Projektleitung –
Eduard Zimmermann, Horst Herold und die Firma Kienbaum.
Der umtriebige Fernsehmoderator Eduard Zimmermann wird
vor allem seine autoritären, strukturkonservativen Auffassungen
eingebracht haben. Als Moderator von Aktenzeichen XY verstand
»Ganoven-Ede« jedoch weder von computertechnischen noch von
organisatorischen Fragen des Polizeiwesens besonders viel. Umso

kompetenter und schlagkräftiger wurde die technokratische Fraktion der Reformkommission vom Nürnberger Polizeipräsidenten Horst Herold und von der Unternehmensberatungsfirma Kienbaum unterstützt. Herold hatte seit Jahren und in zahlreichen Publikationen erklärt, was er sich von einer Kybernetik der Polizei versprach, wie er den Einsatz von Polizeikräften mit »kriminalgeographischen Analysen« steuern wollte und welche präventive Wirkung eine Polizeipräsenz hatte, die kriminelle Aktivitäten antizipieren konnte.[64] Als die Unternehmensberater im Februar 1972 ihren Bericht zur künftigen BKA-Projektstrategie vorlegten, ließ sich der Aufbau eines rechnergestützten Regimes neu angehen. Zumal Horst Herold inzwischen zum neuen Präsidenten des BKA ernannt worden war und von der Presse mit viel Vorschusslorbeeren bedacht wurde.[65]

Herold und sein Team konzentrierten sich auf den marodesten Teil des Fahndungswesens und bauten die Personen- und Sachfahndung neu auf. Kriminaltechnische Anwendungen sollten erst in einem zweiten Schritt ins Digitale übersetzt werden. Mit einer beispiellosen Investition wurde die Veränderung des BKA vorangetrieben, das Meldewesen wurde auf interaktive Terminalverbindungen umgestellt und die personelle und maschinelle Ausstattung der Behörde wurde erweitert. Siemens installierte in Wiesbaden innerhalb von knapp zehn Monaten zwei Großrechner 4004/150 (die man als deutsche, von der RCA inspirierte Antwort auf das System/360 von IBM bezeichnen könnte) und verteilte 35 Terminals an sicherheitskritischen Punkten der Bundesrepublik. An diesen Stationen konnten fortan Daten abgefragt und eingegeben werden. Im Oktober 1972 fand im Flughafen Frankfurt eine spektakuläre Präsentation der Leistungsfähigkeit des neuen Fahndungssystems »Inpol« vor der Presse statt. Das alte

Fahndungsbuch hatte, daran konnte es gar keinen Zweifel geben, ausgedient.

Nur ein halbes Jahr später erweiterte eine Änderung des BKA-Gesetzes die Kompetenzen der Kriminalisten in Wiesbaden. Das BKA wurde zur Zentralstelle für den Datenverbund zwischen Bund und Ländern und war nun zuständig für internationale Zusammenarbeit und das organisierte Verbrechen. Innerhalb kürzester Zeit erhöhte man die Zahl der über das Telex-Netz der Bundespost verbundenen Terminals für Inpol-Abfragen und -Eingaben auf rund 600.[66] Anfang 1975 waren 160000 Personen im Fahndungssystem erfasst. Die Zentralisation der Information bei dezentralisierter Organisation, von der Horst Herold schon lange schwärmte und die er sogar als Prozess der polizeilichen »Fundamentaldemokratisierung« bezeichnete, wurde erfolgreich umgesetzt. Nachdem auch noch die Mitglieder der RAF in Stammheim inhaftiert worden waren, konnte man im BKA guten Mutes sein und von einer fahndungstechnisch erfolgreichen Beruhigung der inneren Sicherheitslage in der BRD sprechen. Zwar waren weder Andreas Baader noch Gudrun Ensslin, weder Jan-Carl Raspe noch Ulrike Meinhof mit Hilfe des digitalen Fahndungsdispositivs dingfest gemacht worden. Trotzdem galt die Verlagerung der polizeilichen Fahndung in den Rechner als Erfolgsgeschichte und entsprach dem, was sich der Spiegel 1972 von der Berufung Horst Herolds zum Präsidenten des BKA versprochen hatte.[67]

Das BKA baute deshalb seine digitale Fahndungsmacht weiter aus. Neben der Verlagerung kriminaltechnischer Verfahren in den digitalen Raum begann man sich ganz besonders auf das Problem des konspirativen Verhaltens terroristischer Organisationen zu konzentrieren. Bereits 1974 hatte das BKA im Rahmen der Häftlingsüberwachung damit begonnen, auch Besucherinnen und Besucher von Gefangenen systematisch zu registrieren. Gleichzeitig wurde eine Datei für die »Beobachtende Fahndung« aufgebaut, mit der »vorsorglich« die Bewegungen von Personen mit Häftlingskontakten aufgezeichnet wurden. Dieser qualitative Umschlag zur »präventiven Fahndung« verband sich mit den Vorbereitungen zum großen Prozess gegen die RAF. Die Verarbeitung von Hinweisen aus der Bevölkerung wurde für den Bereich des Terrorismus in einer Datenbank mit Informationen über »Personen, Institutionen, Objekte und Sachen« (PIOS) verdichtet. Dies entsprach Herolds Überzeugung, dass Sachbeweise das einzige Mittel gegen subjektiv gefärbte, wenig belastbare Zeugenaussagen waren. Mit PIOS ließen sich auch äußerst komplexe Zusammenhänge »mehrdimensional« absuchen. Dadurch wiederum wurden fahndungsrelevante Informationen erzeugt, die mit den herkömmlichen Dateien zur Fahrzeug- oder Personenfahndung gar nicht hätten ausgefällt werden können. Das BKA kämpfte gegen eine bedrohliche »Informationslücke« zwischen dem strukturierten Inpol-Bestand und dem unerschlossenen Inhalt des kriminalpolizeilichen Aktenguts. »Kriminalitätsrelevante Informationssplitter« seien in einem »Dunkelfeld« verborgen geblieben. Darum habe man »das Fundstellenregister PIOS« geschaffen, »das mit fünf Dateisäulen einer Grobindexierung nahekam«, erklärte Horst Herold.[68]

Wenige Jahre später hatte sich die Einschätzung des Modernisierungs- und Intensivierungsprogramms für Verbrechensbekämpfung in der ganzen Bundesrepublik geändert. Ende 1974 war Günter von Drenkmann bei einem Entführungsversuch der RAF erschossen worden, im Februar 1975 wurde der Spitzenkandidat der CDU Berlin, Peter Lorenz, entführt, im April die Botschaft der BRD in Stockholm besetzt, im Mai wurde der Generalbundesanwalt Siegfried Buback und im Juli der Bankier Jürgen

Ponto erschossen. Im Herbst 1977 wurde der Arbeitgeberpräsident Hanns Martin Schleyer von der RAF entführt und ermordet.

Das BKA setzte seine rechnergestützte Ermittlungsmacht bei all diesen Fällen ein, wobei der Aufwand stieg, die Erfolgsquote aber fiel. Inpol-Abfragen lieferten zwar die Namen der Besetzer in Stockholm, von denen man freilich nur zu genau wusste, wo sie zu finden waren. Die bei der Entführung von Peter Lorenz eingesetzten Fahrzeuge waren schnell identifiziert, erwiesen sich aber als ermittlungstechnisch wertlose Doubletten, und das »Volksgefängnis«, in dem man Schleyer wochenlang festgehalten hatte, wurde wegen einer Übermittlungspanne erst nach seiner Ermordung gefunden. »Schlamperei, verschwundene Belege, ein Wirrwarr an Zuständigkeiten« hätten die Schleyer-Fahndung charakterisiert, hielt der Spiegel nach einer ersten amtlichen Analyse der BKA-Prozeduren fest.[69] Das Projekt der Intensivierung und Modernisierung der Verbrechensbekämpfung war an seinem prominentesten Ort, dem rechentechnisch hochgerüsteten BKA, in Schieflage geraten.

Die Vorwürfe gegenüber dem Einsatz von Rechnern im BKA waren vorerst merkwürdig zurückhaltend. Kritisiert wurden vor allem die Spitze der Behörde und die Unfähigkeit ihres Personals. Enzensberger mochte im Kursbuch und im Spiegel gegen den Sonnenstaat des Dr. Herold polemisieren,[70] aber auch er monierte nicht das Versagen der Rechner, sondern die Unfähigkeit der sie bedienenden Mannschaft. Rechner genossen ganz offensichtlich das Privileg einer neutralen prozeduralen Instanz. Sie galten als eine einigermaßen zivilisierte Form polizeilicher Gewalt, vor allem im Vergleich zu den ebenfalls erfolglosen Großrazzien gegen die RAF.

Dabei war der Rechnereinsatz sowohl juristisch als auch tech-

nisch äußerst voraussetzungsreich. Gerade PIOS markierte den
auffälligen Schritt von der rechnergestützten Informations*verarbeitung* kriminalpolizeilicher Ermittlung zur rechnergestützten
Informations*produktion*. Während sich die Verarbeitung lediglich
auf Daten stützte, die aufgrund eines vorliegenden Verdachts er-
hoben und bereitgehalten wurden, musste bei der Produktion
kriminalpolizeilich relevanter Information Unbekanntes erzeugt
werden. Und dafür waren Datenbestände heranzuziehen, für die
es keinen stichhaltigen Anfangsverdacht geben konnte. Für das
originelle Verfahren der negativen Rasterfahndung gab es deshalb nur juristisch spitzfindige Rechtfertigungen. Es fehlte ein
überzeugendes Argument, mit dem sich der qualitative Übergang von der Verarbeitung zur Produktion von Information
hätte legitimieren lassen.[71] Aber eine Polizei, die Daten über
unverdächtige Personen als informationelle Differenzmöglich-
keit speicherte und dafür auch Datenbestände anderer Ämter
benutzte, stand auf wackeligem Boden. Das war selbst dann der
Fall, wenn korrekte Amtshilfegesuche vorlagen und die Informa-
tionsproduktion in erster Linie durch das Filtern und Löschen
von Daten erfolgte.[72]

Das große Projekt zur Verlagerung der bundesrepublikanischen Polizeiarbeit in den digitalen Raum geriet deshalb,
wenn auch mit zeitlicher Verzögerung, in Verruf. Bis 1979 waren
im Rechenzentrum des BKA 4,7 Millionen Personennamen und
mehrere tausend Organisationen erfasst. Das wurde zunehmend
als überwachungsstaatliche Hypothek gedeutet.[73] Der 1969 von
einer breiten politischen Öffentlichkeit getragene technokratische Optimismus der Regierung Brandt war verflogen. Er war der
pessimistischen Einschätzung gewichen, dass rechnergestützte
Sicherheitsproduktion demokratische Ordnung auch bedrohen

kann. Denn »zur Fütterung des Computers« benötigte sie nicht nur einen riesigen Beamtenapparat, sie erzeugte auch eine gewaltige Welle des Grundverdachts, die über die Republik hinwegrollte.[74]

Die drei hier vorgestellten Projekte zur Verlagerung einer kommunalen Kurverwaltung, einer global agierenden Großbank und einer bundesrepublikanischen Polizeibehörde in den Rechner weisen selbstredend unzählige Unterschiede auf. Ihre Gemeinsamkeiten sind technikhistorisch aber nicht weniger interessant. Der Umgang mit Wachstum und die Notwendigkeit, auf differenzierte Nachfragen oder Aufgaben reagieren zu können, waren ein wichtiges Motiv dafür, bisherige Prozeduren der Verwaltung, des Geschäfts oder der Fahndung in den digitalen Raum zu verlegen. Alle drei Projekte wollten ein Informationssystem einrichten und sahen sich früher oder später mit der Tatsache konfrontiert, dass solche Systeme nicht nur Informationen verarbeiten, sondern sie auch produzieren müssen. Gemeinsam ist den Projekten auch die radikale Reduktion der Komplexität auf möglichst kleine, bewegliche und zugleich stabile Informationseinheiten, die von Rechnern behandelt werden können. In Bad Wörishofen waren dies »die Übernachtung« oder »der Gast«, bei der SBG »die Transaktion« oder »das Geschäft«, und im BKA »der Hinweis« oder »die Spur«. Jedes Projekt musste eine enorme Einrichtungsarbeit leisten, um den Rechner an das Projektziel und die Organisation an die Befehlsstrukturen der Rechner anzupassen. Das war oft nur über gesteigerte Abstraktion, Erweiterung der Aufgabenstellung oder Radikalisierung der Lösung zu erreichen. Strukturell aber veränderten die Projekte das, was künftig als normale Prozeduren zu gelten hatte, sie veränderten die Abläufe und Geschwindigkeiten, schufen Beschleunigungszonen und neue Warteräume. Und schließlich führten sie dazu, dass alle Beteiligten und Betroffenen lernen mussten, neue Strukturen nicht nur zu entwerfen, sondern ihnen auch Geltung zu verschaffen, sie also operativ werden zu lassen. Dabei wiederholte sich die alte sportliche Gewissheit, dass auch in der digitalen Welt nach dem Spiel immer vor dem Spiel ist.

\\ 6 Verbinden, Abgrenzen und Speichern

Computer sind ein Ensemble von Zeichen und elektronischen Bausteinen, die im laufenden Betrieb ständig interagieren. Computer bewirtschaften die Verbindungen zwischen ihren Komponenten. Dort, wo die Rechner im Time-Sharing-Modus operierten, intensivierte sich diese Verbindungskultur sogar noch, denn die an ihren Terminals sitzenden Nutzer und Nutzerinnen waren mit der Zentrale und ihren Geräten in ständiger Verbindung.[1]

Wenn Rechenzentren ihre Verarbeitungskapazität erweiterten und ihre Programmbibliotheken ausbauten, wurden sie für eine wachsende Klientel mit sehr unterschiedlichen Problemlagen attraktiv. Immer seltener befanden sich die Arbeitsplätze solcher Klienten in unmittelbarer Nähe zum Rechner. Die Distanz zwischen den Terminals und den Rechenzentren nahm tendenziell zu, und das Verbindungsproblem musste mit Hilfe der Telefongesellschaften gelöst werden. Gleichzeitig dachten Entwickler und Betreiber von Rechnern darüber nach, wie sich die verfügbaren Programme und Kapazitäten eines Rechners durch einen Zugriff auf die Installationen anderer Rechner erweitern ließen. Und sie versuchten, Minicomputer, die an der Systemperipherie bei den Nutzern standen, für kleinere Aufgaben oder für die Vorbereitung großer »Jobs« einzubeziehen. Auch das war bisweilen nur mit Leitungen zu bewerkstelligen, die nicht mehr von den Rechenzen-

tren selber kontrolliert werden konnten. Besonders unübersichtlich wurde das Verbindungsproblem aber dann, wenn nicht nur
fremde Rechner, sondern auch fremde Netze miteinander ver-
koppelt werden sollten.

Bereits auf der Ebene der elementaren Bausteine von Rechnern geht es nicht nur um das Problem der Verbindung, sondern
auch um das der Abgrenzung.[2] Schalter, Relais und Transistoren
stellen Verbindungen her, können sie aber ebenso unterbrechen.
Auch die Time-Sharing-Betriebssysteme der 1960er Jahre hatten
den gleichzeitigen Zugriff mehrerer Nutzer auf knappe Rechenzeit durch Unterbrechungen gesteuert. Sie regelten den Binnen-
verkehr im digitalen Raum mit dem Interrupt: Prozesse ließen
sich nur dann aneinander vorbeischleusen und voneinander abgrenzen, wenn ein Prozess vorübergehend unterbrochen und die
so frei gewordene Rechenkapazität einem zweiten Prozess zur
Verfügung gestellt wurde. Zehn Jahre später galt es, Verfahren
nicht nur für die gemeinsame Nutzung von Rechenzeit, sondern
für die gemeinsame Nutzung knapper Übermittlungskapazitäten
zu entwickeln. Damit wollte man den relativen Anstieg der Über-
mittlungskosten bei der »Datenfernübertragung« in Grenzen halten. Deshalb begannen rechnergestützte Telekommunikations-
technologien den Fernverkehr im digitalen Raum zu regeln. Sie
setzten dabei auf Paketvermittlung oder *Packet-Switching*, um klar
definierte, einheitlich abgegrenzte und adressierte Datenpakete
über jene Leitungen zu verschicken, die von mehreren Nutzern
gleichzeitig benötigt wurden.

Die Aufmerksamkeit der Entwickler hatte sich, wie berichtet,
in den späten 1960er Jahren weg vom Prozessor und hin zur Software verlagert. In den 1970er Jahren verschob sie sich zum Nutzer
und den Verbindungen. Als attraktiv galt, was die individuelle

oder gruppenspezifische Autonomie unterstützte. Der »personal computer«, mit dem der digitale Raum seit den 1980er Jahren so nuancenreich strukturiert wurde, ist dafür ein apparatives Sinnbild. Er offerierte kalkulatorische Intelligenz als lokale Rechnerkapazität und erhöhte damit die Freiheitsgrade der Nutzer.

Der »personal computer« war ein Rechner für das Personal und ein Rechner für das Persönliche. Wer »am PC« arbeitete, war damit beschäftigt, seine eigene Welt in den Computer zu bringen. Im Hinblick auf die Verbindungs- und Abgrenzungskultur des digitalen Raums spitzte der PC die Frage nach der relativen Nutzerautonomie nochmals zu. Das gilt auch für das Problemfeld, das im Verlauf der 1970er und 1980er Jahre im ganzen digitalen Raum an Brisanz gewonnen hatte – die Frage der Datenorganisation und der Speicherung.

Verbinden

Als die *Association for Computing Machinery* im Dezember 1969 ihre Mitglieder zu einer großen Tagung über »Computers and Crisis« nach New York einlud, wollten die Organisatoren der Frage nachgehen, wie Rechner die Zukunft verändern würden. Ein Panel war auch den Herausforderungen gewidmet, denen man sich künftig im Bereich der Datenübertragung zu stellen hatte. Es diskutierte die Frage, wie sich Kommunikation – also das, was Gesellschaften ausmacht und zusammenhält – in den Rechner verlegen ließe.[3]

Den Auftakt machte John M. Richardson vom US-Handelsministerium, der über »computation, communication, and content« referierte und diese Dreifaltigkeit zukunftsfroh als

»pregnant union« bezeichnete. Rechner spielten, so Richardson, bei der Überwachung von Netzwerken, beim Verbinden in den Telefonzentralen und beim Fakturieren eine wichtige Rolle. Telekommunikation offeriere aber, und das war nun etwas ganz Neues, auch zusätzliche Rechnerressourcen. Was bislang als eine eher lose Kopplung zweier Technologien daherkam, hatte bereits »neue Datenverarbeitungsmärkte« entstehen lassen und werde, so Richardsons Prognose, in absehbarer Zeit zu einer zusehends engen Verbindung führen.[4] Der Ministeriumsvertreter sprach in diesem Zusammenhang von einer »Informationstechnologie«, die sich aus der technologischen »Schwangerschaft« von Rechner und Übermittlung ergebe.[5] Während die Übermittlung schon jetzt für zusätzliche Nutzer von Rechnern im Time-Sharing-Modus sorge, werde die engere Verbindung von Rechner- und Übermittlungstechnik nicht nur die kalkulatorischen Kapazitäten erweitern, sondern auch eine größere Vielfalt an Inhalten und Informationen erzeugen, prognostizierte Richardson.[6]

Für den Vertreter der US Air Force, General Lee M. Paschall, war es zwar ebenfalls eine ausgemachte Sache, dass die zukünftige Entwicklung des digitalen Raums in Richtung Time-Sharing und Datenaustausch lief. Als Kommunikationsspezialist hätte sich Paschall leicht ein Netz vorstellen können, über das viele Minirechner miteinander verbunden wären und das von einer Datenbank bedient würde. Da er die Verbindungsfrage aber vom Computer aus anging, dachte er lieber an einen sehr großen Rechner mit vielen Terminals. Das Verbindungsproblem ließ sich, das war Paschalls wichtigste Nachricht in der Panelrunde, entweder von den Rechnern oder von ihrer Interaktion her denken. Aber es ließ sich, so viel war sicher, nicht aus der Welt schaffen. Wahrscheinlich würden mit der Zeit Netze entstehen, die zentralisierte und verteilte Strukturen miteinander verbänden. Dafür aber musste man sehr heterogene Teilsysteme zusammenlegen oder sie schrittweise ersetzen – beides stellte eine große Herausforderung dar.[7]

Der Luftwaffenvertreter war also nicht so zuversichtlich wie sein Kollege aus dem Handelsministerium, dass Technologien »reproduktiv« interagieren konnten. Die Air Force betrieb zwar immerhin 1200 Rechner. Nur die Maschinen der Luftraumüberwachung waren jedoch gemäß Paschall miteinander verbunden.[8] Man sei in dieser Hinsicht noch nicht weit gekommen, obwohl »Kommando, Kontrolle, Management, Überwachung, Aufklärung und Kommunikation« eigentlich eng miteinander verzahnt waren. Aber zwischen dem Management von Rechnern und jenem von Telekommunikationsnetzen gebe es keine direkte »cross-fertilization«, trieb Paschall die Reproduktionsmetapher weiter. Dafür seien, so hielt er skeptisch fest, die Systeme viel zu wenig nach Prinzipien des Systemdesign entwickelt worden. Mit anderen Worten: Für eine Verkuppelung von Telekommunikations- und Computertechnik fehlten tragfähige Standards.[9]

Einig war man sich auf dem Panel der ACM, dass rechnergestützte Firmen und Verwaltungen nur wachsen konnten, wenn sie sowohl ihre kalkulatorischen als auch ihre telekommunikativen Infrastrukturen erweiterten. Dem steigenden Verbindungsdruck auszuweichen war keine Option. Zudem verwendeten Organisationen ihre zentralen Rechneranlagen ja auch, um die Kontrollmacht der Zentrale auszubauen. Das konnte nur dann gutgehen, wenn immer größere Teile der Organisation ins System integriert wurden. Die Verbindungen zwischen den Filialen und dem Rechenzentrum am Hauptsitz waren zu verstärken. Computer rückten damit fast zwangsläufig in die Nähe der Kommunikationstechnik, denn sie mussten lokales Rechnen in ein Rechnen auf Distanz übersetzen, wenn die Peripherie einer Organisation an die kalkulatorische Zentrale gebunden werden sollte.

Einem quasi-natürlichen Übergang von der wechselseitigen Nützlichkeit zwischen Rechner- und Kommunikationstechniken hin zu ihrer symbiotischen Interaktion stand um 1969 allerdings der vorhandene Maschinenpark im Weg.[10] Rechner mit unterschiedlichem Baujahr oder von unterschiedlichen Herstellern waren bereits vor Ort nur beschränkt kompatibel. Wie sollten sie dann in beliebigen Kombinationen und auf große Distanzen miteinander verbunden werden, um – wie es in der zeitgenössischen Diktion hieß – ein »informationstechnologisches« System zu (er)zeugen?[11] Da die einheitlichen Standards fehlten, galt es, sie irgendwie zu überspielen. Das konnte in naher Zukunft nur gelingen, wenn man das Problem von jener Seite anging, wo nicht neue Regeln und Normen gegen alte kämpfen mussten. Und das hieß für die ACM-Konferenz von 1969, ihre Aufmerksamkeit weg von den Maschinen und Programmen und hin auf die Nutzer und ihre Verbindungen zu verlagern.

»Alle sprechen über den Nutzer, aber niemand hat ihn systematisch und wissenschaftlich untersucht«, hatte Harold Sackman von der *System Development Corporation* in Santa Monica ein Jahr zuvor festgestellt.[12] Nutzer zu berechenbaren und verständlichen, ja einheitlichen und gut integrierten Komponenten eines rechnergestützten Informationssystems zu machen, war ein Ding der Unmöglichkeit. Computerspezialisten produzierten eine unerwartete Artenvielfalt, selbst wenn sie den »User« möglichst weit von der Maschine entfernten und ihn darum als »end user« bezeichneten. Auf der ACM-Konferenz in New York sprachen mehr als zwei Dutzend Referenten in Panels, die sich mit dem »end user«

beschäftigten. Ein weiteres Dutzend Referate wurde notdürftig in den Sitzungen zu den »professions« untergebracht, wo man (wenig überraschend) über professionelle Nutzer diskutierte. Die Konferenz stellte damit, bildlich gesprochen, einen riesigen Katalog über das eben entdeckte Lebewesen »Nutzer« in all seinen variantenreichen, gegenwärtigen und zukünftigen Erscheinungsformen her.[13]

Dem »(end)user« war angesichts dieser Artenvielfalt nur beizukommen, wenn man ihn in eine neue Abstraktion überführte. Wie das zu bewerkstelligen war, hatten J. C. R. Licklider und Robert W. Taylor mit der editorischen Hilfe von Evan Herbert in einem Artikel festgehalten, der unter dem Titel »The Computer as a Communication Device« erschienen ist.[14] Licklider und Taylor gehörten zu einer kleinen Gemeinschaft von Ingenieuren und Wissenschaftlern, die vom US-amerikanischen Verteidigungsministerium dafür bezahlt wurden, über gewagte Entwürfe zukünftiger Computernutzung nachzudenken.[15] Es gehörte zu ihrem Kerngeschäft, die Zukunft von Rechnern immer wieder und an ganz unterschiedlichen Orten zu aktualisieren, in Experimenten, auf Konferenzen, in Sammelbänden, Fachzeitschriften oder Memos. Wenn sich – wie beim Artikel von Licklider, Taylor und Herbert – etwas davon in ein randständiges Publikationsformat verirrte, ließ es sich in der nächsten Publikation bestimmt wieder verwenden. Oder es floss in Projekte ein, die man anregte, beaufsichtigte und durchführte oder als Publizist begleitete. So hielt es auch Licklider als Programmleiter der nach dem Sputnik-Schock gegründeten *Advanced Research Project Agency* (ARPA).[16] Für die ARPA umfasste die zukünftige Nutzung von Rechnern alles Mögliche. Kaum je ging es dabei um den nuklearen Krieg, gar nie um den kalten. Das Interesse drehte sich um Interaktion,

Austausch, Kommunikation, Kooperation und Symbiose. 1968 setzte man bei der ARPA auf rechnergestütztes Kooperieren in Projekten und beschäftigte sich mit dem Nutzer.[17] In jedem Projekt sollten die Teilnehmer eine gemeinsame Vorstellung von der Sache entwickeln, an der sie arbeiteten. Darum lief Projektarbeit auf den Abgleich individueller Vorstellungen hinaus. Sie war über weite Strecken eine Bereinigung von Differenzen zwischen unterschiedlichen mentalen Modellen.[18] Rechner konnten dabei eine unterstützende Rolle spielen. Die Mitglieder einer räumlich weit verstreuten Arbeitsgruppe etwa, die über unterschiedliche Denkstile und heterogene Wissensbestände verfügten, könnten – so die Vorstellung – einander ihre je eigenen mentalen Modelle dadurch begreifbar machen, dass sie ihre Überlegungen jederzeit mit Daten, Programmen, Dokumenten und Simulationen stützten. Sobald allen Beteiligten klar war, worauf die verschiedenen mentalen Modelle der anderen beruhten, ließen sich die wesentlichen Gemeinsamkeiten innerhalb der Arbeitsgruppe bestimmen. Der gestaltpsychologisch vereinfachte, universalisierte User setzte Rechner als Denk- und Kooperationshilfen ein – unabhängig davon, wo sich der Rechner befand.[19]

Damit war erstens die Heterogenität des realexistierenden Maschinenparks ausgeblendet. Zweitens wurde die phänomenologische Vielfalt der Nutzer auf den idealtypischen »user« reduziert, der als ein verständigungsorientiertes, mit dem Rechner eng verbundenes Wesen gedacht wurde. Und drittens blieb das Problem, das von Computerfachleuten bislang besonders stiefmütterlich behandelt worden war, weiter ungelöst: das der Verbindungen. Kabel wurden in gut eingerichteten Rechenzentren meistens so verstaut, dass sie unsichtbar blieben. Während Computer der ersten Stunde noch durch das Stecken von Kabelverbindungen

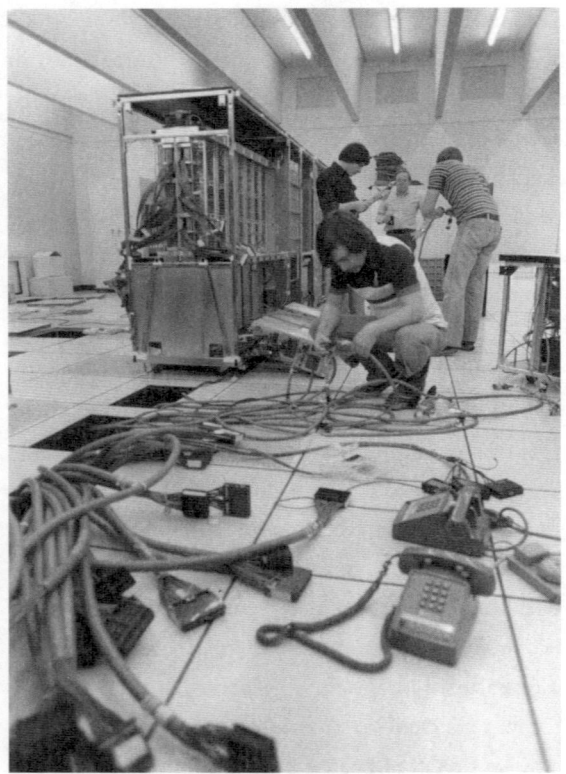

14 Bei Umzügen und Neuinstallationen von Rechnern wie an der
University of Michigan 1980 wurde der ständige Kampf gegen
die Kabel offensichtlich.

auf dem Schaltbrett programmiert worden waren, zwang man
inzwischen alles, was Komponenten verband, entweder auf die
Rückseite des Rechners oder unter einen doppelten Boden. Bei
IBM zirkulierte sogar das Gerücht, die in Kabelkanälen lauern-
den, »Boas« genannten Kabel der Anaconda Copper Company seien
deshalb höchstens 200 Fuß lang, weil die sperrigen Biester sonst

wirklich gefährlich werden könnten.[20] Leitungen schließlich, die aus den Rechenzentren hinausführten, wurden kaum mehr beachtet. Robert M. Fano zum Beispiel, der am MIT ein großes Time-Sharing-Projekt leitete, hielt in seinem Bericht über »Computerinfrastruktur und Gemeinschaft« von 1967 lapidar fest, Terminals könnten mit Rechnern »über vorhandene Kommunikationseinrichtungen« interagieren. Genaueres wollte er darüber weder wissen noch sagen.[21]

Computerfachleute hatten das Übertragungsproblem marginalisiert, weil sie Leitungen und Kabel für etwas Triviales hielten und weil sie sich auf gar keinen Fall mit der Telefonie, diesem besonders altbackenen Gebiet der Schwachstromtechnik, auseinandersetzen wollten.[22] Elektroingenieure, die es in die Entwicklungsabteilungen der Telefonkonzerne verschlagen hatte, wurden bemitleidet, weil sie sich dort mit elektromechanischen Relais oder bestenfalls mit Richtfunkantennen beschäftigen mussten.[23] Es sei denn, sie suchten nach Wegen, herkömmliche Verbindungs- und Übermittlungsprobleme in den Computer zu verlagern und damit als Computerspezialisten im Reich der Telefontechniker zu gelten.[24] Dann nämlich wurden rechnergestützte Übertragungs- und Vermittlungstechniken zu einer aufregenden Sache. *Puls-Code-Modulation*, *Time-Division-Multiplexing* und *Packet-Switching* wurden bei diesen computeraffinen Übertragungs- und Vermittlungsspezialisten in den späten 1960er Jahren zu Hochwertwörtern. Bei IBM, UNIVAC, CDC oder Honeywell allerdings wollte man sich zu dieser Zeit noch keine ernsthaften Gedanken über Verbindungsprobleme machen, und die Fernmeldebetriebe hatten die Datenübertragung noch nicht als interessantes Geschäftsfeld erkannt.[25]

Erst in den 1970er Jahren kam es zur entscheidenden Verände-

rung der Wahrnehmungsmuster. Die Fernmeldebetriebe kümmerten sich nicht mehr ausschließlich um die mögliche Verlagerung der Vermittlung von Telefongesprächen in den Computer,
sondern begannen darüber nachzudenken, ihre Telefonleitungen
für die Verbindung von Rechnern einzusetzen und günstige Formen der Datenübertragung zu entwickeln. Gleichzeitig gelangten
Computerspezialisten zum Schluss, dass nicht nur Rechner und
Programme, sondern auch Verbindungen für das Wachstum der
Branche entscheidend werden könnten.[26]

So entstand ein unübersichtlicher Flickenteppich telekommunikativ unterstützter Nutzergemeinschaften im Umfeld zentraler Rechner.[27] Unternehmen bauten exklusive Leitungen zwischen ihren Rechnern in der Zentrale und den Nutzern in den
Filialen auf, während Informationsdienste einen Weg suchten,
trotz prohibitiv hoher Telefongebühren temporäre Verbindungen
mit ihren Datenbanken anzubieten. Die Geschäftsmodelle vari-
ierten stark und ließen sich sogar kombinieren, wie etwa die Geschichte von CompuServe zeigt. Bei der Gründung der Firma in
Columbus, Ohio, ging es 1969 zunächst darum, das Time-Sharing-
Netz einer Lebensversicherungsgesellschaft zu betreiben. Gleichzeitig wollte man aber freie Rechenkapazität an Dritte vermieten,
die mit selbstentwickelten Programmen eigene Datensätze aus-
werten oder fertige Anwendungsprogramme nutzen wollten.[28]
Solche marginalen Kunden waren auf das öffentliche Telefonnetz
mit seinen hohen Ferntarifen angewiesen, um Rechner zu verbinden. Um die Verbindungskosten auf ein zumutbares Niveau zu
drücken, entwickelte CompuServe in verschiedenen Städten eigene Vermittlungsdienste, die über Minicomputer (PDPs) liefen.
Nutzer konnten sich nun über ihren Telefonanschluss und zum
Lokaltarif mit einem Vermittlungsrechner von CompuServe ver-

binden, der die Verbindungsanfrage über eine gut ausgelastete, von mehreren Verbindungen genutzte CompuServe-Standleitung an einen weiteren Vermittlungsrechner in Columbus weitergab. Dieser stellte den Auftrag wiederum an jenen Rechner durch, der ihn tatsächlich erledigen sollte.

Das Beispiel von CompuServe verdeutlicht, dass in den 1970er Jahren Geschäftsmodelle und Nutzungsarten für die Verbindung von und mit Rechnern in unterschiedlichen Varianten kombiniert wurden. Sowohl kommunikative als auch kalkulatorische Aufgaben delegierte man bei CompuServe an Rechner; mittels Rechnern betrieb man ein Firmennetzwerk und ein Kundennetzwerk, organisierte Datenverarbeitungsgeschäfte und bot Programme an. Das Resultat war ein äußerst komplexes Netzwerk, das eine heterogene Nachfrage bediente und ganz unterschiedliche Technologien der Verbindung miteinander verband. Ähnliches ließ sich auch bei dem Unternehmen *General Electric Time Sharing Systems* beobachten, dessen *supercenters* schon Mitte der 1970er Jahre global expandierten und die Firma zum größten Anbieter von Rechenleistung weltweit machten.[29]

Neben den Dienstleistungsunternehmen im Datenverarbeitungsgeschäft entstanden Unternehmen, die ihr Glück mit dem Angebot von spezialisierten Informationen suchten und beispielsweise Bibliographien für Wissenschaftlerinnen und Ingenieure (Dialog) oder Fallsammlungen für Juristen (Lexis) anboten. Zudem wurden Firmen wie *Telenet* und *Tymnet* gegründet, deren Rechner ausschließlich Dienste anboten, um Informationen zwischen Rechnern zu übermitteln. *Electronic Data Interchange* (EDI) wiederum offerierte eine Sammlung von Standards und eine Reihe von Netzwerken, über die unterschiedliche Firmen einer Branche weltweit Daten austauschen konnten, etwa im Rahmen von ORDERNET für die pharmazeutische Industrie oder IVANS für Versicherungen. Anfang der 1980er Jahre kamen ODETTE für Automobilhersteller, RINET für Rückversicherungen, SHIPNET für Transportunternehmen und EDICON für die Bauwirtschaft hinzu.[30] Große Bedeutung hatte das SITA-Netz der europäischen Fluggesellschaften, das bereits um 1970 neun Rechenzentren mit 1200 Angestellten betrieb und den ursprünglich telegraphischen Nachrichtendienst in den Computer verlegte.[31] Die 1973 in Belgien gegründete Society for Worldwide Interbank Financial Telecommunication (SWIFT) schließlich baute für ihre Mitglieder einen Dienst auf, der sowohl Nachrichten als auch monetäre Transaktionen über ein Packet-Switching-Netz übermittelte.[32]

Dieser gewaltige Netzwerkboom darf nicht darüber hinwegtäuschen, dass expandierende Netzwerke ständig an ihre Grenzen kamen. Es war schon außerordentlich schwierig, zwischen zwei Maschinen eine gemeinsame Kontrollsprache aufzubauen und zu unterhalten. Wenn Installationen mit unterschiedlichen Regeln der Selbststeuerung zusammentrafen, konnte es leicht geschehen, dass eine Maschine die Verbindungsanfrage der anderen gar nicht hörte, weil sie das Begehren schlicht nicht verstand. Es konnte aber auch passieren, dass die angesteuerte Maschine so gut mit den Befehlen der anderen umzugehen wusste, dass sie sich völlig in Beschlag nehmen ließ, in Abhängigkeit geriet und ihre organisatorisch-administrativen Regeln bzw. Hoheitsrechte aufs Spiel setzte.[33]

Computerfachleute deuteten dieses Problem diplomatisch und nannten die Instrumente, mit denen sich delikate kommunikative Aufgaben formalisieren ließen, »Protokolle«. Während Gremien ihre Protokolle ganz im etymologischen Wortsinn »vor die Akten eines Vorgangs klebten«[34] und damit deklarierten, wie die Akten dahinter zu lesen waren, legten diplomatische Protokolle fest, was bei der Begegnung von Machthabern geschah. Daran hielten sich auch jene Protokolle, die dem Austausch von Daten zwischen Rechnern oder Programmen dienen: Sie bestimmten, was bei dieser Verbindung passieren durfte. Sie taten dies mit der ganzen Erhabenheit und prozeduralen Komplexität, die jedem Protokoll innewohnt.[35] Die Frage nach dem Unterschied zwischen Rechenzentrum und Machtzentrum durfte dabei offenbleiben. Explizit galt die Analogie nur hinsichtlich der Tatsache, dass Protokolle *vereinbart* werden müssen, gleich ob sie den kommunikativen Austausch zwischen Machthabern oder zwischen Rechnern sichern sollen.[36] Verhältnismäßig gering war der Aufwand, um ähnliche Rechner in einem Rechenzentrum zu verbinden. Etwas schwieriger wurde es, wenn sie von unterschiedlichen Herstellern stammten. Richtig schlimm aber wurde es, wenn nicht nur Rechner, sondern ganze Netzwerke von Rechnern miteinander zu verbinden waren, die keiner gemeinsamen Aufsicht unterstanden.[37]

Wie immer, wenn die Dinge unübersichtlich wurden, reagierten die Computerspezialisten mit radikaler Abstraktion und suchten auf dieser Basis nach einer generalisierbaren Lösung. Das war bei der Entwicklung von Betriebssystemen und von Programmiersprachen so gewesen, und so hatte man es auch bei jeder Übertragung administrativer Abläufe in programmierbare Prozeduren gehandhabt. Für das Verbindungsproblem bedeutete das: Wer die unübersichtliche Protokollwelt beherrschen wollte, musste Protokolle für bestimmte Typen von Maschinenverbindungen herstellen, gleichzeitig aber diese eine ganze Welt bildenden Protokolle so aufeinander abstimmen, dass sie sich gegenseitig stützen konnten. Zu diesem Zweck waren Protokolle nach Zu-

ständigkeiten zu sortieren. Denn nur so ließen sich die heterogenen Rechnersysteme wenigstens in Bezug auf ihre Verbindungen
kompatibel machen.

Mitte der 1970er Jahre gab es im Wesentlichen zwei Möglichkeiten, um diese Abstraktionsleistung nicht nur auf dem Papier, sondern mit Aussicht auf operative Wirkung zu erbringen.
Entweder gelang es einem großen Computerhersteller, einen
weltweiten De-facto-Standard zu entwickeln und kundenseitig
durchzusetzen, oder die nationalen Telekommunikationsanbieter regelten die Sache untereinander. Beide Varianten wurden
mit großer Energie und beachtlichem Erfolg vorangetrieben. IBM
publizierte bereits 1974 eine erste Version seiner *Systems Network
Architecture* (SNA). Diese umfangreiche Sammlung von Protokollen
zur Verbindung von Rechnern bestand wiederum aus mehreren
Softwarepaketen. Dazu gehörte beispielsweise die *Virtual Tele-
communications Access Method* (VTAM). Auch die *Digital Equipment
Corporation* (DEC), die mit ihren Minirechnern ein besonderes
Interesse an Rechnerverbindungen hatte, versuchte ab 1975 mit
der *Digital Network Architecture* (DNA) einen Industriestandard zu
entwickeln.[38] Auf der Seite der nationalen Telekommunikationsanbieter war man nicht minder aktiv. 1976 stimmte das *Comité
Consultatif International Téléphonique et Télégraphique* (CCITT) über ein
X.25 genanntes *Packet-Switching*-Protokoll ab und erklärte es zum
internationalen Standard. X.25 wurde umgehend von den nationalen Telekommunikationsbetrieben Kanadas, Großbritanniens,
Frankreichs und Japans sowie vom amerikanischen Rechnernetz-
betreiber *Telenet* übernommen.[39]

Große User und kleine Computerhersteller konnten sich also
entweder an einem der beiden Industriestandards von IBM und
DEC orientieren, oder sie setzten mit X.25 auf die internationale

Organisationsmacht der nationalen Telekommunikationsunternehmen. Sie hatten die Wahl zwischen zwei unterschiedlich abgesicherten Monopolen. 1977 zeichnete sich im großen Protokollkrieg zwischen diesen beiden Fronten ein dritter Weg ab. Die Initiative ging von kleinen (europäischen) Computerherstellern aus, die zusammen mit multinationalen Konzernen wie Kodak und Unilever, mit alerten britischen, kanadischen, US-amerikanischen, französischen und japanischen Akademikern und mit dem britischen Handels- und Industriedepartement eine alternative, »offene« Protokollsammlung ausarbeiten wollten.[40] Unter der Schirmherrschaft der *International Organization for Standardization* (ISO) wurden vorschnelle Entscheidungen über Standards vermieden. Stattdessen arbeitete man zuerst an einem allgemeinen Rahmenwerk für Verbindungen im digitalen Raum. Es wurde also zuerst über die Bedingungen nachgedacht, die Telekommunikationsstandards zu erfüllen hatten. Das Projekt hieß *Open Systems Interconnection (OSI)* und machte bereits mit seinem Namen deutlich, dass es einen offenen und systematischen Zugang zur Verbindung von Verbindungen entwickeln wollte. Nicht die schrittweise Angleichung bestehender Normen war das Ziel, sondern die Entwicklung eines theoretisch stabilen Rahmens, für den sukzessive konkrete Protokollsammlungen entwickelt werden konnten.

OSI entwickelte ein Schichtenmodell, das sieben Verbindungsfunktionen unterschied. Ohne sich um Fragen der technischen Umsetzung zu kümmern, klärte das Projekt die funktionalen Zuständigkeiten – der Reihe nach für die Maschine, die Daten, das Netzwerk, die Übertragung, die Verbindung, die Präsentation und die Anwendung. Jede dieser Schichten entlastete die darunter und die darüber liegende Schicht von Aufgaben und wurde ihrerseits von diesen Schichten bedient. Als Schichten waren Maschinen,

Daten, Verbindungen etc. miteinander verbunden und doch gleichzeitig klar voneinander unterscheidbar. Damit stellte OSI im kooperativen Verbund der Projektteilnehmer ein Modell her, das jedes Nachdenken über die Verbindung von und mit Rechnern dadurch strukturierte, dass klare, funktionale Abgrenzungen bestimmt wurden.

Die Erwartungen, die an das OSI-Projekt Mitte der 1980er Jahre geknüpft wurden, waren groß. In Europa sah man darin eine Möglichkeit zur Stärkung des europäischen Binnenmarkts für Computer, während die nordamerikanische Regierung 1983 OSI-Kurse für Computerhersteller organisierte und den kommunikationstechnischen Spezialisten im Militär das OSI-Modell empfahl. Für französische Technologiepolitiker wiederum war OSI ein Weg, die Vorherrschaft von IBM auf dem globalen Verbindungsmarkt zu verhindern.[41]

Dennoch kam die Entwicklung und Implementierung der OSI-Protokolle nur langsam voran. Die über die Jahre erschienenen Dokumentationen waren außerordentlich detailliert und bisweilen auch unübersichtlich.[42] Das Modell hatte sich zu einem wahrhaften Papiertiger ausgewachsen; zu einem Angebot, das sich ablehnen, aber nicht verstehen ließ.[43] Gleichzeitig waren jedoch weder die mit funktionstüchtigen »Protokollsuiten« ausgestatteten Netzwerkarchitekturen von IBM oder DEC noch die X.25-Protokolle der nationalen Telekomanbieter in der Lage, die Alleinherrschaft über die Verbindungen im digitalen Raum zu übernehmen.

Die einfachste Lösung lieferte schließlich ein – gemessen an der Zahl der bislang betriebenen Netzwerke – eher unbedeutendes Set von Protokollen, das sich auf die Verbindung von Verbindungen konzentrierte und darum auf die Vereinheitlichung aller Netze verzichten konnte. Seit den 1970er Jahren war daran im Rahmen der ARPA und in internationalen, akademisch ausgerichteten Projekten gearbeitet worden.[44] Vorgestellt wurde es 1983 von Vinton G. Cerf und Edward Cain als das *Internet Architecture Model* des US-amerikanischen Verteidigungsministeriums.[45] Cerf und Cain taten alles dafür, militärische Interessen zu adressieren und wachzuhalten. Um »ihre« Netzwerkarchitektur beim Militär anzupreisen, zögerten sie nicht, die internationale, akademisch geprägte Arbeitsgruppe auszublenden, in der sich seit 1972 amerikanische, britische und französische Wissenschaftler mit der Vernetzung von Netzen beschäftigt hatten.[46]

Die Anforderungen, die an das Internetmodell gestellt wurden, hätten umfassender und vielfältiger nicht sein können. Es sollte heterogene Netzwerke unterschiedlichster Provenienz verbinden, Interoperabilität ermöglichen, hohe Verlässlichkeit unter widrigen oder gar feindlichen Bedingungen zeigen, Files übertragen und auf Distanz lesbar machen, die gezielte Verteilung von Nachrichten erlauben sowie alle möglichen Typen von Terminals akzeptieren. Und als ob das noch nicht genug gewesen wäre, wollte man auch noch Text-, Fax-, Graphik- und Audio-Nachrichten versenden können, und zwar am besten über alle Kanäle, die überall auf der Welt je eingerichtet worden waren.[47] Dass ein solches Verbindungswunder die Militärs interessierte, versteht sich von selbst. Aber auch analytisch und abstrakt denkende Wissenschaftler und Ingenieure fühlten sich von diesem Anforderungsreichtum magisch angezogen.

Es war also die Kombination von operativem Anforderungsreichtum und radikalem Vereinfachungszwang, die dazu führte, dass sich die Netzwerkspezialisten auf das Problem der Verknüpfung von Netzen konzentrierten. 1977 wurden in einem

Experiment drei völlig verschiedene Netzwerke experimentell verbunden, und 1978 trennte man das dafür verwendete Protokoll in zwei Teile: Das *Transmission Control Protocol* (TCP) war nur noch für den Datenaustausch zwischen zwei Rechnern verantwortlich, das auf einer neu eingeführten Abstraktionsschicht angesiedelte *Internetwork Protocol* (IP) regelte den Verkehr auf dem vom Übertragungsmedium unabhängigen Zwischennetzwerk.[48]

Die Internetprotokolle verbreiteten sich gegen Ende der 1980er Jahre zur großen Überraschung all jener, die bislang das Feld dominiert hatten. Weder IBM noch DEC, weder X.25 noch OSI konnten sich gegen die pragmatisch-robuste Verbindung von Verbindungen wehren, die TCP/IP anzubieten hatten. Eine Protokollsammlung, die global funktionieren sollte, musste mit Heterogenität und weltweiter Organisation umgehen können. Die ARPA-Leute waren immer von der Vielfalt der Nutzer und ihrer Systeme ausgegangen. Was sie anboten, war nicht ein durchkomponiertes Gesamtsystem, sondern eine möglichst einfache und deshalb besonders robuste Verbindung zwischen Netzwerken, bei denen sie sich gewissermaßen nur um die Standards »auf ihrer Seite des Flurs« zu kümmern hatten. Den Übergang von ihrem Zwischennetz zu irgendeiner lokalen Installation hatten jene zu verantworten, die vor Ort zuständig waren. Tatsächlich träumten auch manche Netzwerkbetreiber der US-amerikanischen Streitkräfte von dem einen, alles verbindenden Netzwerk. Aber sie meinten damit wohl eher das alles militärisch Relevante verbindende Netzwerk, ein Netzwerk, das es ihnen ermöglicht hätte, die Heterogenität *ihrer* Netze unter *ihre* Kontrolle zu bringen – genau wie andere Netzwerkbetreiber, die in höchst diversifizierten Märkten agierten, vor allem am Abbau der Heterogenität in *ihrem* Netzwerk interessiert waren.

Die Entwickler von TCP/IP brauchten sich weder um den militärischen noch um den zivilen Homogenitätstraum gesondert zu kümmern. Das war ihr großer Vorteil. Es gab eine (zunehmende) Nachfrage nach der Verbindung von Verbindungen, und Letztere waren vielfältiger Natur. Wer das Problem der Verbindung der Verbindungen behandeln konnte, machte das Rennen, weil verbundene Netzwerke die Möglichkeit potenzierten, die Transaktionen, Nachrichten und Debatten dieser Welt in den Computer zu verlegen. Das demonstrierte die Gemeinschaft der Internetentwickler besonders gut. Sie hatten sich 1967 bei Douglas Englebart in Stanford vor den Bildschirmen getroffen und jene neuen User imaginiert, deren Kommunikationsprozesse von miteinander verbundenen Rechnern unterstützt wurden. Gut zwei Jahrzehnte später war es die generalisierbare Verbindung zwischen Rechnern, die dazu führte, dass sich Kommunikation in den Rechner verlagern ließ – unabhängig davon, durch welchen Rechner oder welches Netz der erwartungsfrohe User den digitalen Raum betrat.[49]

Abgrenzen

Im Frühjahr 1975 schaltete die Elektronikfirma MITS aus Albuquerque, New Mexico, in verschiedenen Elektronikzeitschriften ein ganzseitiges Inserat. Sie warb für ihren Computerbausatz Altair 8800. Da gab es viel zu erklären. Die Annonce bestand aus einem ziemlich langen Text und war mit einem sorgfältig komponierten Stillleben illustriert. Platinen, Kabel und ein Transformator, Kondensatoren sowie weitere elektronische Komponenten lagen dekorativ über einen Arbeitsplatz verstreut. Sie sollten offenbar in das leere Aluminiumgehäuse eingebaut werden, das im Hintergrund des Bildes zu sehen war. Lötkolben, Schraubenzieher und Bauanleitung lagen bereit – es fehlte nur noch ein geschickter Hobbyelektroniker, um hier Ordnung zu schaffen.[50]

Ein Zuckerschlecken sei es nicht, einen eigenen Computer zu bauen, stand in lauten Lettern neben dem Stillleben. Man werde es wohl kaum schaffen, den Bausatz in ein paar Stunden zusammenzusetzen, raunte das Inserat im drucktechnischen Flüsterton weiter. Der Altair 8800 sei kein Spielzeug, sondern ein schnelles, leistungsfähiges und flexibles Gerät, eben ein vollwertiger Computer. Wer bereits die einfache elektronische Rechenmaschine des gleichen Herstellers zusammengebaut habe, werde mit dem Altair 8800 eine besonders befriedigende Erfahrung machen. Für 439 Dollar bekam man hier viel zu tun und hatte darüber hinaus gute Aussichten darauf, auch nach dem Löten noch lange beschäftigt zu sein. Drei mitgelieferte Manuale versprachen glaubhaft, dass die Sache selbst für anspruchsvolle Hobbyisten eine echte Herausforderung war.[51]

Die Anpreisung des Bausatzes war so umfassend auf das versprochene Erlebnis beim Zusammenbauen und Ergänzen ausgerichtet, dass sich die bei Rechnern übliche Frage nach den Anwendungsmöglichkeiten gar nicht ernsthaft stellte. Mit den bescheidenen 256 Bytes dieses Mikroprozessors ließ sich bestimmt kein Autopilot für ein Flugzeug programmieren, wie die Zeitschrift *Popular Electronics* einige Wochen früher keck versprochen hatte. Dennoch eröffneten sich ungeahnte Möglichkeiten, wenn das gefüllte Aluminiumgehäuse mit einer elektrischen Schreibmaschine und dem Fernseher im Wohnzimmer verbunden oder

MITS

BUILDING
YOUR OWN COMPUTER
WON'T BE A PIECE OF CAKE.

(But, we'll make it a rewarding experience.)

Chances are you won't be able to assemble the *Altair 8800* Computer in an hour or two. But, that's only because the *Altair* is a real, full-blown computer. It's not a demonstration kit.

The *Altair Computer* is fast, powerful, and flexible. Its basic instruction cycle time is 2 microseconds. It can directly address 256 input and 256 output devices **and** up to 65,000 words of memory.

Thanks to buss orientation and wide selection of interface cards the *Altair 8800* requires almost no design changes to connect with most external devices. Up to 15 additional cards can be added inside the main case.

The *Altair Computer* kit is about as difficult to assemble as a desktop calculator. If you can handle a soldering iron and follow simple instructions, you can build a computer.

You see, at *MITS*, we want your experience with our kits to be rewarding. That's why we take such pains to write an accurate, straight-forward assembly manual. One that you fo low step-by-step. (We leave nothing to the imagination.)

Some electronic kit companies are experts at cutting the corners. They promise you the sky and deliver a box full of surplus parts and a few pages of faded instructions run off on their copying machine.

We're experts at **not** cutting the corners. Our *Altair Computer* has been designed for both the hobby and the industrial market. It has to be constructed of the finest, quality parts. And it is.

That's why we give you double-sided boards, gold-plated connectors, a 10 Amp power supply (enough to power 15 additional cards), toggle switches and an all aluminum case complete with sub-panel and detachable dress panel.

That's why we give you three manuals (Assembly. Operator's and Trouble-shooting) in a hard-cover. 3 ring binder plus an Assembly Hints manual.

Buy our computer and we'll automatically make you a member of the *Altair User's Group*. You'll have access to a whole range of custom software designed exclusively for the *Altair 8800*.

We're quite serious about making computer power available to you at a price you can afford.

BASIC ALTAIR AND OPTIONS

The basic *Altair 8800 Computer* includes the CPU, front panel control board, front panel lights and switches, power supply and expander board (with room for 3 extra cards) all enclosed in a handsome, aluminum case.

Options now available include 4K dynamic memory cards, 1K static memory cards, parallel I/O cards, three serial I/O cards (TTL, RS232, and TTY), octal to binary computer terminal, 32 character alpha-numeric display terminal, ASCII keyboard, audio tape interface, floppy disc system, and expander cards.

Software now available includes an assembler, text editor and system monitor.

APRIL 1975

PRICE
Altair 8800 Computer: **$439.00 kit**
$621.00 assembled

SAVE $45.00!
For P.E. readers only! The Basic *Altair 8800 Computer* plus 256 words of static memory. $542.00 value. Now, only $497.00. Check the appropriate box in the coupon below. *

Warranty: 90 days on parts and labor for assembled units.
90 days on parts for kits.
prices and specifications subject to change without notice

MITS/6328 Linn N.E., Albuquerque, N.M., 87108, 505/265-7553

┌────────── MAIL THIS COUPON TODAY! ──────────┐
│ □ Enclosed is a Check for $_____   │
│ □ or Bank Americard # _____   │
│   □ or Master Charge # _____   │
│ Credit Card Expiration Date _____   * *Special* │
│ □ ALTAIR 8800 □ Kit □ Assembled □ P.E. Kit │
│   Include $8.00 for Postage and Handling   │
│ □ Please send free Altair System Catalogue   │
│ NAME _____   │
│ ADDRESS _____   │
│ City _____   State & Zip _____   │
│ MITS/6328 Linn, N.E., Albuquerque, New Mexico 87108 │
│   505/265-7553   │
└───┘

CIRCLE NO. 27 ON READER SERVICE CARD   1

15 *Der Altair 8800 als Herausforderung für mutige Bastler*

der klebrige Kassettenrekorder aus der Küche als Speichergerät für Programme missbraucht wurde.[52]

Egal, welcher Code mit Kippschaltern in den Rechner eingegeben wurde – beim Programmieren auf der mit Schaltkreisen gefüllten und sauber verschlossenen Aluminiumkiste erlebte man einen Trip, als flöge man im Raumschiff Enterprise zum hell erleuchteten Altair. Bei hinreichender Aufmerksamkeit kam es dabei zu schönen Überraschungen. Steve Dompier aus Berkeley hatte gerade gut 30 Stunden gelötet und weitere sechs Stunden nach einem Verbindungsfehler auf der Leiterplatte gesucht, als er sich mangels brauchbarer Input- und Output-Geräte über das Frontpanel den Grundfunktionen seines neuen Rechners nähern wollte. Unter anderem versuchte er den Mikroprozessor mit einem elementaren Sortierprogramm zu belasten. Dabei fiel ihm auf, dass sein kleines Transistorradio mit Empathie auf den Altair reagierte und ihm beim Arbeiten zuhörte. Der Rechner produzierte Interferenzen, die den im Radio gesendeten Wetterbericht übertönten. Das war, wie der Bastler feststellte, bei allen Programmen, die im Rechner und im Radio liefen, der Fall. Weitere acht Stunden später konnte er einzelnen Programmschritten im Rechner bestimmte Töne im Radio zuweisen. Beim nächsten Treffen des *Home Brew Computer Clubs* hatte Dompier also etwas ganz Besonderes zu bieten, nämlich Paul McCartneys *The Fool on the Hill* für Altair und Transistorradio.[53]

Die Aufführung war ein Erfolg, das Publikum verlangte nach einem Encore, das die computerhistorische Bedeutung des Programms erst so richtig an den Tag brachte. Ganz unerwartet, so berichtet Steve Dompier, spielte die Maschine eine »offenbar genetisch geerbte« Version von *Daisy Bell*. Das Volkslied aus den 1890er Jahren war 1961 von John Kelly, Carol Lockbaum und Max Mathews auf einer IBM 7094-Anlage der *Bell Labs* programmiert worden. Es wurde 1968 in Stanley Kubricks Film *2001: A Space Odyssey* vom »sterbenden« HAL 9000 gesummt. Dieser fiktive

Rechner, der deshalb nicht als *International Business Machine* arbeitete, weil sein Name alphabetisch um einen Buchstaben verrückt
war, stand im Dienst einer *Heuristic Algorithmic*. Er zeigte während
der Fahrt zum Jupiter unerwartete Emotionen und musste Modul
für Modul abgestellt werden.[54]

Dompier konstruierte also nicht nur einen Altair 8800, sondern
auch eine signifikante Geschichte. Die Zeitschrift *People's Computer
Company* zeichnete, um das zu verdeutlichen, den funktionieren-
den Bausatz als verrückte Maschine, die auf einem Hügel stand –
eben als *The Fool on the Hill*. Die Maschine hielt einen Transistor-
empfänger in den Händen und schlug mit der programmierten
Melodie von McCartneys Song alles, was da lebte, in ihren Bann.
Gleichzeitig vermochte der Altair, sobald dieses Programm abge-
laufen war, mit dem Liebeslied an eine ferne Daisy auch noch
einen Nachhall aus der IBM-Mainframe-Zeit zu erzeugen. Das
Echo war gewissermaßen in seinem Innersten programmiert.
Trotz des gewaltsamen Ablebens von Kubricks HAL 9000 klang in
Dompiers Altair-Erzählung die Hoffnung auf *Daisy Bell* nach, hatte
sogar neue Kraft gewonnen und faszinierte alle, die sie lasen. Die
Geschichte evozierte in ihrer zweiten, »unwillkürlichen« Schicht
eine von den *Bell Labs* gepflanzte und in den Flower-Power-Dis-
kurs gewendete Bedeutung: »There is a flower within my heart,
(...) planted by Daisy Bell.« Aber der Verliebte wollte, wie es im
Volkslied heißt, nicht bloß sein Fahrrad, sondern auch sein Los
und damit seine Zeit mit der schönen Daisy teilen. Ein Verrückter
(»a fool«) wie er von Paul McCartney besungen worden war, war
er bestimmt. Und er war durchgeknallt (»crazy«), wie es in dem
von der IBM 7094 der *Bell Labs* und von Stanley Kubricks HAL 9000
schwer belasteten Volkslied schon lange hieß.[55]

Solche blumigen Geschichten dürfen nicht darüber hinweg-

täuschen, dass die Lage auch für die hartgesottensten unter den
Amateuren sehr schwierig zu beurteilen war. Für Jef Raskin, den
umtriebigen Herausgeber eines Journals der Bastlerszene, lag
noch sehr wenig Weizen unter sehr viel Spreu. Seine Erfahrungen
mit Bausätzen, Ersatzteilen, Zusatzkomponenten und Anleitun-
gen zeigten, dass nicht alles so vorbildlich und sauber war wie
bei der *Bytesaver*-Speicherkarte, die von *Cromemco* für den Altair
vertrieben wurde. In *Dr. Dobb's Journal of Computer Calisthenics and
Orthodontia* versuchte Raskin deshalb all jene, die einen Bausatz
kaufen wollten, vor dem Schlimmsten zu bewahren und die Ver-
zweifelten, die »es« bereits getan hatten, wenigstens mit »Brü-
derlichkeit, Sympathie und emotionalem Beistand« wieder auf-
zurichten.[56]

Der Computer für jedermann war noch nicht zu haben. Und
Raskins Glaube daran, dass Maschinen für Menschen arbeiten
sollen, blieb häretisch. Es sei denn, der Dienst der Hobbyelektroniker am Mikroprozessor ließ sich als zweckfreies und selbst-
bestimmtes Vergnügen der Bastler umdeuten und als kulturelle
Praxis verstehen, bei der ein ganz persönlicher, ziemlich asketi-
scher Weg das Ziel war. Wenn die mutwillige Kombination der
Kulturtechniken Löten, Lesen und Programmieren nicht zwingend zu Nützlicherem führte als zu *Kill the Bit* und damit zu einer
Sternstunde des zweckfreien Spiels, dann war das Dienstverhält-
nis zwischen Mensch und Maschine eigentlich ausgeglichen.[57]
Programme, die Primzahlen berechnen konnten, waren für Hobbyisten nicht deshalb von Bedeutung, weil sie unbedingt Primzahlen am Laufmeter brauchten. Sie entwickelten sie nur deshalb
immer wieder, weil sie anhand der leicht überprüfbaren Resultate
ihre Fähigkeit, Manuale zu lesen, die Funktionstüchtigkeit der
von ihnen selbst bestückten Leiterplatten und die Tauglichkeit der

eigenen Programme auch unter prekären technischen Bedingungen bestätigen konnten. Mehr brauchte es nicht. Mit Sortierprogrammen, Interferenzen und verrückten Erzählungen wurde die ganz persönlich komponierte Maschine universell einsatzbereit gemacht und für alle denkbaren Zwecke bereitgehalten. Davon durften Spiel und Musik nicht ausgenommen bleiben. Ihr Sinn stabilisierte sich tatsächlich im Gebrauch und ist weder als »Missbrauch von Heeresgerät« noch als Zweckentfremdung elektronischer Forschungs- und Administrationsmaschinen zu deuten.[58] Hingegen wurde im erweiterten Silicon Valley bis hinunter nach Albuquerque intensiv daran gearbeitet, das Hobby und damit die Garage in den Rechner zu verlagern.

Beim Altair stand zwar noch alles in den Sternen und war an abenteuerliche Kombinationen von Wissensformen und Vorstellungsvermögen, an Unerschrockenheit und Vorleistungen vieler Akteure gebunden.[59] Dennoch verkaufte er sich wie geschnitten Brot. Sein Preis stieg von Inserat zu Inserat, die Lieferzeiten gerieten außer Kontrolle, und die Herstellung der versprochenen Peripheriegeräte musste immer wieder verschoben werden.[60] Das wiederum ermunterte viele Nachahmer, Zulieferer und Programmierer, selbst in die Lücke zwischen Angebot und Nachfrage zu springen. Bald gab es zwei Dutzend Bausatzangebote, die hartnäckige Hobbyelektroniker in die Lage versetzten, Mikroprozessoren mit einer programmierbaren Umgebung zu versehen.[61]

ACM-Mitglieder mussten keine Altair-Inserate lesen, um auf die völlig unerwartete Bewegung am untersten, kaum ernstzunehmenden Rand des Hard- und Softwareangebots aufmerksam zu werden. Auf der *National Computer Conference* in New York von 1976 beschäftigten sie sich sogar, wenn auch nur flüchtig, mit dem Problem, wie sich um Mikroprozessoren herum oder mit ausrangierten Geräteteilen ein persönlicher Computer bauen ließe. Die große Frage, was ein Amateur tun mochte, wenn er vom Spielen auf seiner »Maschine« müde geworden war, wurde in diesem »Überblick für Computerspezialisten« allerdings nicht beantwortet.[62]

Diese Aufgabe übernahm der Herausgeber von Dr. Dobb's Journal auf der National Computer Conference von 1977 in Dallas. Jim Warren war ein Handlungsreisender zwischen den Welten. Eben hatte er die Silicon Gulch Gazette gegründet und die erste West Coast Computer Fair organisiert. Als Mathematiklehrer kannte er sich in der Welt der College-Kids aus, als Doktorand der Computerwissenschaften in Stanford hatte er einen Draht zur Informatik. Dass er an die technologische Verbesserung der Welt glaubte, machte ihn zum unverdächtigen Informanten sowohl der etablierten Computerspezialisten als auch der gegenkulturell inspirierten Amateure. Jim Warren wusste, wie sich die Geschichte von Dompiers kreativem Umgang mit Hardware, rudimentären Befehlen und einem verrückten Song der Beatles übersetzen ließ. Und er wusste, wie man sowohl die Geschichte als auch den aktuellen Stand und den weiteren Verlauf jener Entwicklung erklären konnte, die den digitalen Universalcomputer in ein Konsumgut verwandelte. Warren gewann in beiden Lagern dadurch an Glaubwürdigkeit, dass er die Unterschiede zwischen »personal computing« und »professional computing« ganz unbekümmert aufzählte und die beiden Felder nochmals stärker voneinander abgrenzte.

Personal Computer zeichneten sich, so Warren, durch eine komplexe Hardware und durch fehlende Software für ernsthafte Anwendungen aus. Entscheidend sei der niedrige Preis, während Geschwindigkeit, Kapazität und Verlässlichkeit von zweitrangiger

Bedeutung blieben, denn Zeit und Anstrengung der Nutzer kos-
teten nichts. Ihr Hauptanliegen blieb Unterhaltung im weitesten
Sinn des Wortes. Die Maschinen müssten daher nicht attraktiv ge-
staltet sein, und man könne bei den Amateuren den verbreiteten
Einsatz von Gebrauchtgerät beobachten. Wichtig sei hingegen die
Kundenbetreuung.[63]

Beim Personal Computing war also vieles anders und die
Hardware so »unabhängig« wie die User. Das bedeutete, dass
jede Maschine eigene Anforderungen an die Software stellte.
Eine kostendeckende Entwicklung von Software war auch wegen
der weitverbreiteten Sharing-Kultur der Amateure schlicht unmöglich.[64] Man mag sich bei der ACM mit Fug und Recht gefragt
haben, was sich nun tatsächlich auf solchen Rechnern machen
ließ. Jim Warren blieb auf dem Boden der Realität. Enthusiastisch
hatte er die publizistische und organisatorische Entwicklung der
Rechner geschildert und beeindruckend den Variationsreichtum
der Hardwarelandschaft beschrieben, doch seine Antwort auf die
Frage nach der Brauchbarkeit war ungeschminkt ernüchternd.
Herkömmliche Geschäfts- und Industrieanwendungen kämen
schlicht nicht in Frage, lautete Warrens Verdikt. Am wichtigsten seien Spiele, in Zukunft vielleicht auch Gruppenspiele, und
Spiele hätten ja auch einen erzieherischen Wert. Zudem könnten
Musik- und Radioanwendungen an Bedeutung zunehmen. Unter
Umständen gebe es ein gewisses Interesse an Textverarbeitung.
Aber ohne gute Drucker werde man hier nicht weit kommen. Viel-
leicht würde die Zukunft ja die digitale Bibliothek erzeugen, dann
könne man wenigstens die beim Lesen gemachten Notizen lokal
speichern.[65] In den persönlichen Computer, der ein Produkt der
Bastlerszene war, ließ sich, mit anderen Worten, alles verlegen,
solange es ein Spiel war. Man konnte auch mit Tönen hantieren

und vielleicht sogar etwas aufschreiben. Aber gerade das musste sich erst noch erweisen.

Ein Jahr später veröffentlichte die neu gegründete *Special Interest Group Personal Computing* (SIGPC) der ACM ein Positionspapier darüber, wie man vom Hobby Computing zum Personal Computing gelangen könne. Alan Kay, Adele Goldberg und Larry Tesler vom Xerox-Forschungszentrum in Palo Alto werden gewusst haben, dass Positionspapiere eine statische Sache sind, besonders wenn sie die Zukunft betreffen. »Weder die Hardware noch die Software ist brauchbar; fast alles muss noch gemacht werden«, lautete ihr erster Satz. Gleichwohl zögerte das Trio nicht, gleich im zweiten Satz einen großen Sprung in eine sehr unbestimmte Zukunft zu unternehmen: »Eines Tages wird Personal Computing eine aufregende und nützliche Sache für eine große Zahl von Leuten jeden Alters sein.«[66]

Der persönliche Computer war also schwierig einzufangen. Kaum hatte man ihn als rudimentär programmierbaren Mikroprozessor in einer Aluminiumbox verstaut und dadurch zum Altair gemacht, überschritt er seine apparativen Grenzen und machte sich im Transistorradio bemerkbar. Als er von Jim Warren eine hübsche Spielecke zugewiesen bekam, wo er sich eines vom Geschäftscomputer abgrenzbaren Daseins hätte erfreuen können, wollte man ihn alsbald für Textverarbeitung nutzbar machen können. Und als ihm vom Team des Xerox-Forschungszentrums gegenwärtige Brauchbarkeit abgesprochen wurde, war im selben Atemzug die Rede davon, dass der persönliche Computer demnächst und für viele aufregend und nützlich werden könne. Der persönliche Computer war also in Bezug auf das, was man in der zweiten Hälfte der 1970er Jahre von ihm erwartete, ein kleines, aber erstaunlich sperriges Ding und entzog sich, wann immer

man seine charakteristischen Merkmale festhalten wollte, einer
genauen Definition. »The personal computer defies exact definition«, hielten Portia Isaacson, Adam Osborne, Robert Gammill,
Larry Tesler, Richard Heiser und wiederum Jim Warren in einem
Aufsatz fest.[67] Diese Experten hatten sich im Frühjahr 1978 mit
den zu erwartenden Personal Computing-Problemen der 1980er
Jahre beschäftigt und nach einer Konferenz in Portland ihren sub-
stanziellen Oregon-Bericht verfasst, der wenig später an höchst
sichtbarer Stelle, nämlich im Computerjournal des *Institute of
Electrical and Electronics Engineers* (IEEE) publiziert wurde.[68]

Dass diese Spezialisten gleich zu Beginn ihres Berichts darauf
verzichten mussten, zentrale Merkmale des Personal Computers
zu benennen, spricht Bände. Künstlerinnen könnten ihn verwenden, um neue Kunstformen hervorzubringen. Finanzmarkt-
analysten könnten Börsenkurse untersuchen. Und eine Sekretärin
könne Manuskripte erfassen und bearbeiten. Die Anwendungsformen des Personal Computers seien so unterschiedlich wie die
Individuen, die sie verwendeten.[69] Um mit dieser Vielfalt umgehen zu können, war einmal mehr die Universalisierung der Rechner angesagt. Die Rand Corporation hatte zu Beginn der 1950er
Jahre mit dem UNIVAC *Prozeduren* wie das Sortieren, Klassifizieren, Rechnen und Entscheiden universalisiert; IBM hatte Mitte
der 1960er Jahre mit System/360 unterschiedliche *Prozessorleis-
tungsklassen* zu verklammern versucht; und die unterschiedlichen
Anwendungsgebiete der 1970er Jahre waren mit der Figur des »end
user« generalisiert worden. Beim Personal Computer der 1980er
Jahre ging die Unübersichtlichkeit ausgerechnet vom Nutzer aus –
ein Universalitätsanspruch musste also bei dessen Maschine an-
setzen. Der Rechner sollte in seiner eingeschränktesten, individu-
ellsten Form zu einem persönlichen Computer gemacht werden,

mit dem theoretisch alle praktisch alles machen können. Dafür musste die Maschine ambivalent gehalten werden und gleich mehrere und höchst divergierende, ja in sich widersprüchliche Leistungen erbringen. Eben Texte prozessieren, private Ausgaben kontrollieren oder Melodien rechnen und sie maschinell abspielen. Egal, ob man sich den Rechner als Heimcomputer, Konsumentencomputer und Hobbycomputer vorstellte oder ihn als Personal Computer fürs Geschäft, für die Bildung oder für die Wissenschaft bezeichnete: Er sollte eine allgemein einsetzbare, intelligente Maschine sein, die sich für spezifische Zwecke und beschränkte Nutzer zugänglich machen ließ.

Auffällig ist, wie schnell sich Ende der 1970er Jahre dieser ambivalente Universalitätsanspruch in einzelne Entwicklungsfelder unterteilen ließ. Was im *Oregon Report* steht, ist eine Rechnergeschichte im Zeitraffer, ein technologischer Stationenweg, auf dem die bisherige Rechnergeschichte auf Mikroprozessor-Niveau nachgebetet wurde. Hardwareseitig ging es der Reihe nach um Prozessorleistung, Memory, Massenspeicher, Bildschirm, Drucker und Eingabegeräte, softwareseitig um Programmiersprachen, Betriebssysteme, Anwendungssoftware und, als kritisches Langzeitproblem, um die Verbindung von Rechnern.[70] Der *Oregon Report* liest sich damit wie ein großer Entwicklungsplan für einen Personal Computer eines großen Herstellers. Es fehlte nur noch der große Adressatenkreis, um Rechner im bescheidenen Mikroprozessorbereich als Massenprodukt herstellen zu können. Wenn Hobby und Home dafür zu klein waren, lohnte es sich womöglich, das Büro nochmals genauer unter die Lupe zu nehmen.[71]

Die Schwierigkeit, Büroarbeit in den Rechner zu verlegen, bestand darin, dass sich dort fast jede Tätigkeit von der vorhergehenden oder nachfolgenden unterschied. Büroarbeit ist weit-

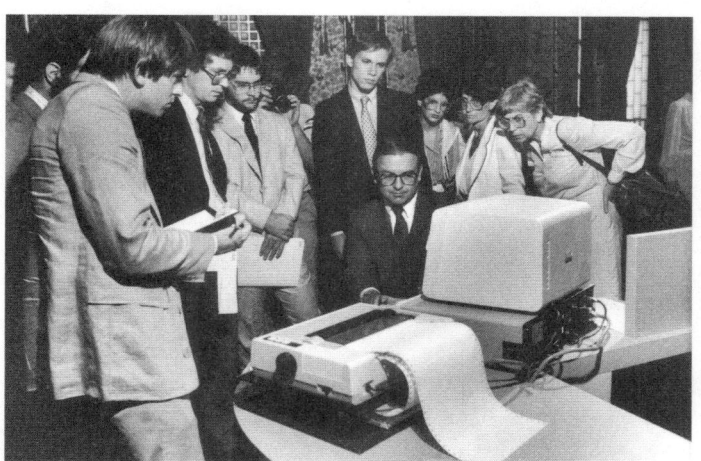

16 Krippenszene 1981: Der IBM Personal Computer und seine skeptischen,
aber beeindruckten Nutzer und Nutzerinnen 1981

gehend schwach strukturiert.[72] Das hatte sich seit den 1950er Jahren sogar noch verschärft, denn damals waren ja die Extremfälle
aller Büroarbeiten in den Rechner verlegt worden, nämlich die
besonders gut strukturierten, massenhaft anfallenden Arbeiten.
Was nicht hinreichend eintönig war, um in den Rechner verschoben zu werden, wurde schlicht auf den Schreibtischen liegenge-
lassen und bestand vornehmlich aus amorphem Kleinkram mit
hohem Textanteil. Doch drei Jahrzehnte nach dem UNIVAC ließ
sich womöglich mit einem Personal Computer doch noch ein
Computer für das Personal produzieren und die am Schreibtisch
anfallende große Restarbeit ebenfalls in den Rechner verlagern.
Dafür musste man den Mut finden, das Angebot nicht von einem
organisatorischen und technischen Zentrum aus, sondern von
der Peripherie her zu denken. Um es pointiert auszudrücken: Statt
weitere Terminals der Time-Sharing-Systeme auf spezialisierte

Arbeitsplätze zu verteilen und Rechner auf diese Weise zu personalisieren,[73] ließen sich Bildschirme und Tastaturen womöglich gleich dort mit einer minimalen Mikroprozessorintelligenz versehen, wo sie für kleine Arbeiten eingesetzt würden. Sie könnten dann (elektrische) Schreibmaschinen, Tischrechner, Karteikarten, Notizblöcke und anderes mehr ersetzen. Eine derart vielfältige Maschine könnte für die Hersteller zu einem Massengeschäft führen, das genau jene *economies of scale* aufwies, die als Voraussetzung für die Verlagerung höchst individueller Formen des Rechnereinsatzes auch in Heim und Garage galten.[74]

Womöglich, mit etwas Glück, vielleicht und demnächst – für die in Tausenden Radio-Shack-Filialen verkauften Mikrorechner von Apple, Texas Instruments und Commodore mussten die Umsatzprognosen vorerst nach unten korrigiert werden, und bei der provisorischen Sonderarbeitsgruppe der ACM gestand der Vorsitzende, man könne eigentlich noch immer nicht sagen, was ein Personal Computer sei.[75] War es die äußere Erscheinung, die Tragbarkeit, der Standort, die fehlende Verbindung, das Softwareangebot oder die Nutzungsform, die ihn kennzeichnete? Der *New York Times* fiel auf, dass die PC-Hersteller 1979 ihre Geräte nicht auf der *Consumer Electronics Show* in Chicago, sondern bei der *National Computer Conference* in New York vorstellten. Und Lewis F. Kornfeld, der Präsident von Radio Shack, bat die Journalisten anlässlich der Präsentation des TRS 80 Model II, in ihren Berichten doch bitte nicht von einem »Home Computer« zu sprechen. Die Maschine sei in erster Linie für Kleingewerbetreibende und Geschäftsleute gedacht. Die *New York Times* bot Schützenhilfe. Es sei niemand bereit, zwischen 500 und 3000 Dollar auszugeben, bloß um das Verschwinden des monatlichen Haushaltsgeldes zu beobachten, Kinder zu erziehen und die Bewässerungsanlage im Garten einzuschalten. Auch wenn der Heimcomputermarkt tatsächlich nie entstehen werde, so gab es nach Ansicht der NYT doch eine Nachfrage von Kleinunternehmen. Selbständige Buchhalter und Anwälte oder Textilreinigungsfirmen würden ihre Kundenadressen, ihre Eingaben und Plädoyers oder einfach ihre Abrechnungen und Kostenvoranschläge im Computer bearbeiten wollen.[76]

Gleichwohl traf der im Sommer 1981 vorgestellte IBM Personal Computer auf große Skepsis. Der kleine Rechner der großen IBM zeige wenigstens, so die verunsicherte New York Times, dass die Marktführerin offenbar nicht nochmals den Fehler machen wollte, der ihr beim Minicomputer von DEC unterlaufen war. Mit dem Personal Computer schien IBM in jenen consumer electronics-Markt vorstoßen zu wollen, den Apple und Radio Shack dominierten. Ihre Vermutung ließ sich die New York Times vom Computerhändler Michael McConnel bestätigen. Er ließ sich mit der Aussage zitieren, dass Personal Computer deutlich mehr seien als ein Strohfeuer.[77]

Das Angebot von IBM war absichtlich ambivalent gehalten, das kam in fast jeder Zeile der Produktbeschreibung zum Ausdruck. Hardwareseitig war der IBM Personal Computer im Unterschied zu anderen Mikroprozessorrechnern ausbaufähig. Zudem gab es interessante und gut abgestimmte Peripheriegeräte, und die Käufer wurden von einem professionellen Servicenetz unterstützt. Softwareseitig wies IBM immer gleichzeitig auf professionelle und auf private, also auf anspruchsvolle und bescheidene Anwendungsmöglichkeiten hin. Da gab es einen Lautsprecher für Musik und ein Betriebssystem, einen Drucker für alles Mögliche und einen Pascal-Compiler für Programmierer. Textverarbeitung wurde mit EasyWriter ermöglicht. Wer lieber finanzielle Prognosen und Simulationen erstellte, konnte VisiCalc einsetzen. Dazu kamen

Fantasyspiele von Microsoft und der Zugang zu den Dow Jones-Nachrichten.[78] Nachdem IBM bereits in den späten 1970er Jahren mit eher mäßigem Erfolg versucht hatte, kleine oder sehr lokal verteilte Rechner für das Büro herzustellen, setzte man nun auf das Verwischen der Grenzen zwischen Hobby, Heim und Büro und konzentrierte sich preislich dennoch auf Letzteres.[79]

Kritiker des Personal Computers bemängelten die Tatsache, dass kein technischer Durchbruch vorliege; Verteidiger führten eine beachtliche Steigerung der Rechenleistung ins Feld, falls der PC um einen Coprozessor erweitert werde.[80] Beide Seiten übersahen, dass hier vor allem die Ambivalenz des Angebots und damit die Optionenvielfalt des Nutzers erhöht wurden. Damit war der IBM Personal Computer glänzend auf die Reagan-Ära zugeschnitten: Im PC materialisierte sich ein kulturelles Muster der Optionen und der Wahl.[81]

Alles war in ein einziges Gerät gepackt, sauber abgegrenzt und doch als universelle Maschine konfigurierbar. Diese bot kalkulatorische Intelligenz als lokale Rechnerkapazität, ermöglichte individuelles Programmieren, Schreiben, Simulieren, Spielen, Lernen und Rechnen in allen möglichen Varianten. Die Welt, die in den persönlichen Computer verschoben wurde, war die Welt der eigenen Arbeit, des eigenen Spiels, der eigenen Tabellenkalkulationen, der individuellen Simulationen, notfalls die Welt der eigenen Programme, sicher aber die Welt der eigenen Texte, Notizen, Mahnungen und Erinnerungen.

Zu dieser universellen Ausrichtung des IBM Personal Computer mit seinen vielfältigen Konfigurationsmöglichkeiten gab es 1981 kaum eine gangbare Alternative. Erst gute zwei Jahre nach der Auslieferung des IBM-PC zeichnete sich eine solche Alternative ab. Sie war in ihrem Ansinnen, den Personal Computer für all jene zu

Introducing Macintosh.

In the olden days, before 1984, not very many people used computers — for a very good reason.

Not very many people knew how.

And not very many people wanted to learn.

After all, in those days it meant listening to your stomach growl in computer seminars. Falling asleep over computer manuals. And staying awake nights to memorize commands so complicated you'd have to be a computer to understand them.

Then, on a particularly bright day in California, some particularly bright engineers had a brilliant idea: since computers are so smart, wouldn't it make sense to teach computers about people, instead of teaching people about computers?

For the first time in recorded computer history, hardware engineers actually talked to software engineers in a moderate tone of voice. And both became united by a common goal: to build the most powerful, most transportable, most flexible, most versatile computer not-very-much-money could buy.

And when the engineers were finally finished, they introduced us to a personal computer so personable it can practically shake hands.

And so easy to use, most people already know how. They didn't call it the QZ190, or the Zipchip 5000. They called it Macintosh.™

So it was that those very engineers worked long days and late nights — and a few legal holidays — teaching tiny silicon chips all about people. How they make mistakes and change their minds. How they label their file folders and save old phone numbers. How they labor for their livelihoods. And doodle in their spare time.

17 Der Macintosh 1984 – *ganz kompakt, wohlerzogen und betont nutzerfreundlich*

universalisieren, die keinen Zugang zu einem »richtigen« Rechner hatten, besonders radikal. Ein solches Gerät, ein Rechner »for the rest of us«, wurde von Apple zu Beginn des Jahres 1984 mit einem großen werbetechnischen Aufwand vorgestellt.[82] Da Rechner schlau seien, behaupteten die Marketingleute von Apple, sollte man ihnen etwas über Leute beibringen, statt die Leute über Rechner belehren zu wollen.[83] Deshalb habe sich Apple darum bemüht, kleinen Siliziumchips alles über Menschen beizubringen. Welche

Fehler Menschen machten und wie sie ihre Ansichten änderten zum Beispiel. Oder wie sie ihre Notizen ordneten und alte Telefonnummern notierten. Der Computer der Zukunft sollte eigentlich alles über seine Nutzer wissen – »wie hart sie arbeiten und wie sie ihre Freizeit verbringen«. Und aus diesen Bemühungen erst sei, so die Apple-Annonce von 1984, ein wirklicher Personal Computer entstanden, der so persönlich war, dass er einem praktisch die Hand schütteln konnte, und der so leicht zu bedienen war, »dass die meisten Leute schon wissen, wie das geht«.[84] Wo Rechnern gezeigt wurde, wie Leute fühlten, dachten und handelten, da veränderten sich der Computer und der User, und damit auch ihre Beziehung. Der Rechner sagte deshalb schon auf dem Bildschirm des Inserats »hello« und hatte einen richtigen Namen: Macintosh.

Die Empathie des Mikroprozessor-Rechners für den genau studierten und vielleicht auch etwas beschränkten User setzte voraus, dass der ganze Rechner zur Blackbox wurde, eine gut verschlossene Hülle hatte und vor Lötkolben und Schraubenziehern geschützt blieb. Das graphische User-Interface aber hielt den User nicht nur von den Bauteilen, sondern auch vom Betriebssystem und seinen Befehlszeilen fern. Der sehr persönliche Mac war vielfältig in seinen Anwendungen, ganz auf den User und seine Macken orientiert, aber so weit es nur ging von allem anderen sauber abgegrenzt.

Speichern

Anfang der 1950er Jahre hatte ein Werbefilm der Rand Corporation dazu eingeladen, die weitgehend brachliegende Rechen-

kapazität des ersten kommerziellen Rechners der Geschichte
für Probleme des Sortierens, Klassifizierens, Rechnens und Entscheidens zu nutzen. Den UNIVAC stellte man als eine wohlorganisierte, leistungsfähige Maschine dar, die sich effizient mit
Daten füttern ließ, unvorstellbar schnell arbeitete und in kürzester Zeit einen Output generierte. Unter gewöhnlichen Umständen
hätten sich ganze Heerscharen von Büroangestellten tagelang mit
den Aufgaben herumschlagen müssen, die diese elektronische
Wundermaschine im Nu erledigte.[85] An den Medien, die vor und
nach der Maschine zum Einsatz kamen, war auch für Skeptiker
nichts Ungewöhnliches festzustellen. Papier, Lochkarten und
Magnetbänder waren wohlvertraute Informationsträger und seit
vielen Jahren, Jahrzehnten oder Jahrhunderten für die Aufzeichnung, Übertragung und Lagerung administrativer Informationen
genutzt worden.[86] Der Rechner konnte das ihm Gegebene (*datum*)
von solchen Medien übernehmen, es aufgabenspezifischen Programmen unterwerfen und als verarbeitetes Resultat (*factum*) wieder auf ebenso vertrauten Medien ausdrucken, ausstanzen oder
aufzeichnen.

Nach der Verarbeitung war der Rechner leer und sauber. Input
und Output waren, als hätten sie nie etwas miteinander zu tun gehabt, als Karten- oder Papierstapel aufgeschichtet, und nichts war
im »Gedächtnis« (oder *memory*) des Rechners haften geblieben.
Keine Spuren und Rückstände, null Kontamination. Das hing weder von der besonderen Sauberkeit der eingegebenen Daten noch
von der Korrektheit der erhaltenen Resultate ab. Es hing vielmehr
ab von der Konstruktionsweise des *memory*. Beim UNIVAC bestand das Gedächtnis aus gut vier Meter langen, mit Quecksilber
gefüllten Röhren. Musste sich der Rechner etwas merken, schickte
ein Schwingungsquarz eine Schallwelle durch eine dieser Röhren.

Die Zeit, die die Welle brauchte, bis sie durch das Quecksilber hindurch am andern Ende auf einen zweiten Quarz stieß und dort mit ihrem Druck einen Spannungsanstieg und damit wieder ein elektrisches Signal erzeugte, bildete die elementare Gedächtnisleistung des *memory*, das auch als Laufzeitspeicher bezeichnet wurde. Im UNIVAC waren 100 solcher Laufzeitspeicher eingebaut, die zusammen ein dickes Bündel von Quecksilberröhren ergaben. In jeder einzelnen Röhre liefen zehn als Schwingungsmuster codierte alphanumerische »Wörter«. Wenn ein solches Wort länger in Erinnerung bleiben musste als die vom Quecksilber gebremste Schallwelle auf ihrem Weg brauchte, dann musste es bei der Ankunft elektrisch an den Anfang zurück und erneut durch die Röhre geschickt werden. Und zwar so lange, bis es im Programm Verwendung fand und die Schwingung abgestellt werden konnte.[87]

Wurde der Rechner mit besonders komplexen Operationen belastet, reichte dieses aufwendig herzustellende, aber kapazitätsarme Laufzeitgedächtnis nicht aus. Dann blieb nichts anderes übrig, als Zwischenresultate aufzuschreiben. Was auf diesem »Notizzettel« in Form eines Magnetbands festgehalten wurde, konnte von dort bei Bedarf wieder in den Rechner zurückgeholt werden. Dieses Hilfsgedächtnis bezeichneten die Konstrukteure des UNIVAC als Speicher (*storage*). Das war eine kleine, aber aufschlussreiche semantische Verschiebung gegenüber der Begrifflichkeit, wie sie seit Babbage für Rechenmaschinen üblich war. Konventionell hätte man von allen Zahlen in der Maschine sagen können, dass sie im »Laden«, auf Englisch also im *store* steckten – egal ob es sich um Eingaben, Zwischenergebnisse oder Resultate handelte.[88] Beim UNIVAC hatte man offensichtlich das Bedürfnis, die Begriffslandschaft funktional zu differenzieren: Während der Input und der Output außerhalb der Maschine lagerten, waren die Operanden in den *registers* angesiedelt. Im *memory* befanden sich das laufende Programm und jene Daten, die noch nicht in ein *register* geschoben werden konnten. Und im *storage* schrieb man die Zwischenresultate auf, die gerade nirgends Platz fanden. Merkwürdigerweise sprachen die UNIVAC-Konstrukteure von einem »temporary storage«, als müssten sie den Ausdruck etwas wattieren.[89] Das war insofern kurios, als Speicher ja immer etwas sicherten und bereithielten, das erst später verwendet werden sollte. Sie überbrückten immer Zeit und waren somit auch immer »temporär«. Ein temporärer Speicher ist ein Pleonasmus. Wäre die ungeschmückte Rede vom »Speicher« vielleicht peinlich gewesen, weil sie ganz unverblümt auf die begrenzte Kapazität des Rechners zeigte und die unelegante Lösung für einen operativen Engpass verriet? Im prestigeträchtigen Hightech-Bereich des Computers hatte das einen zweifelhaften Charme – der UNIVAC erschien so als ein elektronisches Wunderwerk, das schon bei den Zwischenschritten seiner Rechenarbeit offenbar nicht mehr alles halten konnte.

Aber nicht die damit verbundene Peinlichkeit ist historisch interessant, sondern die Tatsache, dass sich aus dem verschämt benutzten »Notizzettel« in den nächsten Jahren und Jahrzehnten ein multifunktionales Langzeitgedächtnis von unvorstellbarer Größe entwickelte.[90] Für die Frage, wie die Welt in den Computer kam, ist der schnell expandierende Hilfsraum des *temporary storage* von großer Bedeutung. Hier lagen neben den Prozessabfällen bald auch die wichtigsten Datenbestände und die meistgebrauchten Programme bereit. Hier ließen sich, wie in den Lagerhäusern eines großen maritimen Hafens, weiterführende Transaktionen vorbereiten, Daten nach kundenspezifischen Wünschen umgruppieren und in andere Bestelleinheiten zusammenfassen. Im

Speicher war die Welt vertäut, selbst wenn sie sich an einer langen Leine wähnte.

Die Geschichte des Speicherns wird konventionell als Effekt sinkender Speicher*kosten* oder steigender Speicher*dichte* beschrieben. Doch man tut gut daran, sie als Geschichte einer Entwicklung vom Makel des Systems hin zum generellen Merkmal des Systems zu deuten und damit eine Geschichte der Speicher*verwaltung* zu erzählen. Denn diese Erzählung rückt das organisatorische Zusammenspiel der verschiedenen *memory*- und *storage*-Einheiten und die Verknüpfung von Daten ins Zentrum.[91] Nachdem gegen Ende der 1950er Jahre das Fließbandkonzept zugunsten des flexibleren *random-access*-Modells verabschiedet worden war, wurde die Verwaltung des digitalen Datenhaushalts in vier großen Entwicklungsschüben transformiert: (1) Zunächst wurden, in den frühen 1960er Jahren, prozedurale Datenbanken entwickelt. Ihre ausgeklügelte Logistik machte es möglich, Daten für den schnellen Zugriff bereitzuhalten, sie stabil und ressourcenschonend zu verknüpfen. (2) Die zweite große Veränderung des Datenhaushalts im digitalen Raum ergab sich aus der relationalen Datenbanktechnik, die seit Mitte der 1970er Jahre entwickelt wurde. Sie stand ganz im Zeichen der Tabelle und der beliebigen Kombinierbarkeit von Daten. (3) Drittens ergab sich im Datenhaushalt des digitalen Raums eine große Veränderung, als in den 1970er Jahren die Interaktionsformen zwischen verschiedenen Speichertypen systematisch behandelt wurden. (4) Und viertens setzte Ende der 1980er Jahre die Hypertextstruktur des entstehenden World Wide Web auf die Möglichkeit, auch sehr heterogene Datenbestände auf unterschiedlichen Maschinen miteinander zu verknüpfen. Anhand dieser vier, historisch einander überlagernden Veränderungen wird im Folgenden der Frage nachzugehen sein, wie der

Umgang mit dem Speicher- und dem Datenproblem dazu bei-
getragen hat, die Welt im Computer zu verankern.

(1) Als »prozedurales Datenbankmanagement mit Ketten und
Programmierern« könnte man die erste der fundamentalen Veränderungen im Speicher- und Datenhaushalt des digitalen Raums
bezeichnen. In den frühen 1960er Jahren sprach man von der Entwicklung eines allgemeinen Programmiersystems für *random access
memories*. Sie stand ganz im Zeichen der Datenlogistik und ihren
Verfahren. Charles Bachman und Stan Williams, die in Phoenix
und in New York für General Electrics arbeiteten, berichteten darüber in einem Paper, das sie im Herbst 1964 auf der *Joint Computer*

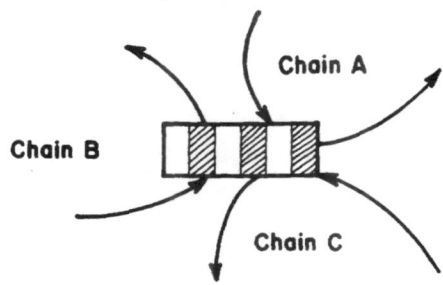

- **Have any number of
  data fields.**
- **May be linked into any
  number of chains.**
- **Are stored only once
  in the I D S**

Chain A

Chain B

Chain C

18 Records *haben eine beliebige Zahl von Datenfeldern
und können mit beliebig vielen Ketten verbunden werden.*

Conference in Minneapolis vorstellten. Mit dem *Integrated Data Store* (IDS) präsentierten sie ein allgemeines Programmiersystem für den massiven und flexiblen Zugriff auf Datenspeicher. IDS war ein ausgeklügeltes Datenbankmanagementsystem, das sich für sehr umfangreiche und sehr verschiedene Nutzungsformen einsetzen ließ.

Es basierte auf sogenannten *records*, die aus »Datenfeldern« und »Kettenfeldern« zusammengesetzt waren. Mit »Ketten« wurden die aufgaben- und abfragespezifischen Verknüpfungen zwischen den einzelnen *records* bezeichnet. Sie sicherten also die Integration und Assoziation der *records*, an ihnen orientierten sich die Prozeduren für die Speicherung und den Zugriff auf die Daten.[92]

Für die Planung und Kontrolle von komplexen Geschäftsvorgängen musste man den Fluss von Bestellungen und Materialien datentechnisch in den Griff kriegen; Informationen waren gleichzeitig zu speichern, abzurufen, zu übermitteln und zu prozessieren. Und dafür brauchte es eine stabile Organisationstechnik. Zudem sollte ein Datenbestand – man sprach jetzt auch von Datenbanken – von verschiedenen Anwendungen genutzt werden können, damit die Daten nicht für jede Verarbeitungsprozedur gesondert formatiert werden mussten und dann womöglich nicht auf demselben Stand waren.[93]

Mit dem *Integrated Data Store* hatte General Electrics für den Datenverkehr eine eigentliche Datenlogistik entwickelt. Ein Input/Output-Controller überwachte den Transport der Daten zwischen Festplatte (*disc memory*) und Kernspeicher (*core memory*). Er verwendete dafür Datenblöcke, auf denen die im *core memory* gerade gebrauchten *records* zusammengefasst wurden. Die Blöcke hatten eine feste Größe und konnten dennoch unterschiedlich lange *records* enthalten. Datenblöcke funktionierten also wie

Input/Output Controller

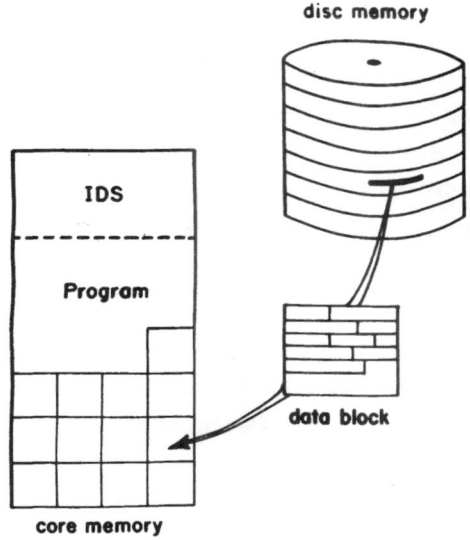

19 Der data block als *Transportmittel für* records *auf*
dem Weg zwischen Festplatte und Kernspeicher

Paletten beim Gütertransport mit der Bahn.[94] Mit ihnen ließen
sich records als (miteinander verkettete) Bestelleinheiten zwischen
dem großen, aber langsamen Plattenspeicher und dem kleinen,
aber schnellen Kernspeicher verschieben. Im Kernspeicher aber
befand sich ein ständig nachgeführtes Inventar aller Datenblöcke.
Um die Such- und Übertragungsprozeduren zu beschleunigen,
wurden Blöcke, die gerade nicht gebraucht wurden, aus dem core
memory entlassen, solche, die immer wieder eingesetzt wurden,
durften bleiben. Jene Datenblöcke, die nach einer Verarbeitung
verändert waren, wurden ins disc memory zurückgeschrieben.

Das IDS wies eine große Vielfalt von Verknüpfungsmöglich-
keiten auf und war in seiner Speicherverwaltung dennoch platz-
sparend.[95] Die Verknüpfung der *records* mit Ketten und ihr Transport auf Datenblöcke sicherten die Beweglichkeit der Daten bei
haushälterischem Umgang mit den Kapazitäten der verschiedenen Speicherformen im Rechner. Programmierer, aber eben nur
sie, konnten neue Verkettungen herstellen, Datenblöcke anders
kommissionieren und die Daten neuen Prozeduren unterwerfen.
Prozedurale Datenbanken waren der Lufthoheit der Programmierer unterworfen und ihre Daten so beschriftet, dass sie spezifische Abfragen ermöglichten und andere nur mit zusätzlichem
Programmieraufwand zuließen. Dieses strikte Regime konnte
nur gebrochen werden, wenn man ein ganz anderes, wesentlich
aufwendigeres und noch radikaleres Datenbankkonzept entwickelte.

(2) Relationale Datenbanken der 1970er Jahre hatten zum Ziel,
die Verknüpfbarkeit der Daten zu vereinfachen. Sie standen ganz
im Zeichen der Tabelle und der Kombination von Daten. 1970
stellte der am *IBM Research Laboratory* in San José arbeitende Edgar
F. Codd seine Überlegungen zu einer radikal neuen Datenbankarchitektur vor.[96] Der zukünftige Betrieb von großen Datenbanken
werde neue Anwendergruppen hervorbringen, die man davor
schützen müsse, mit der internen Organisation und Repräsentation der sie interessierenden Wissensbestände vertraut sein zu
müssen. Die Nutzer sollten aus der Obhut der Programmierer
entlassen werden. Aber auch die Ketten, mit denen die *records* in
prozeduralen Datenbanksystemen zusammengehalten wurden,
sollten gesprengt und die Daten von Adressen, Versandetiketten,
Kettencodes und anderen Beschriftungen befreit werden.[97] Codd
versprach, mit einer relationalen Datenbankstruktur einen stark

erweiterten, informationstechnisch inkompetenten, aber abfrage-
technisch urteilssicheren Kreis von zukünftigen Nutzern zu bedienen.[98] Dadurch, dass sie sich nicht mehr um die Speicherungsform
von Daten kümmern müssten, würden sich die Nutzer umso besser
auf die immer flexiblere Abfrage von Daten konzentrieren können.

Die Datenbank der Zukunft war so einzurichten, dass ihre Bestände auch mit Fragen konfrontiert werden konnten, die sich bei
der Planung der Datenbank noch gar nicht hatten stellen lassen.
Codd machte es sich darum erstens zur Aufgabe, eine einfache
und allgemeine Organisation der Daten in Tabellen zu entwickeln,
die sich über einen Schlüssel (*primary key*) untereinander verbinden ließen. Zweitens war ein Verwaltungsinstrument für die
konsistente Veränderung von Einträgen und die Erweiterung der
Datenbank zu bauen. Und drittens galt es, eine Abfragesprache zu
schaffen, die mathematischen Ansprüchen genügte und dennoch
möglichst nah an der natürlichen Sprache jener Nutzer lag, die
keine Kenntnisse im Programmieren hatten.

Je konkreter das relationale Modell beschrieben werden konnte,
desto größer wurde die Verunsicherung unter jenen Datenbank-
spezialisten, die bis in alle Details mit herkömmlichen Daten-
bankmodellen vertraut waren.[99] Verwirrt und beunruhigt waren
insbesondere jene, die an der privilegierten Rolle des Programmierers festhalten wollten und ihn weiterhin als professionellen
Navigator durch die Gewässer komplexer Datenbestände verstanden.[100] Dazu hatten sie auch allen Grund. Ihre Überzeugung,
dass Datenbanken hierarchisch-prozedural betrieben und für
feststehende Anwendungen festprogrammierte Verknüpfungen
enthalten mussten, wurde von der wachsenden Gemeinschaft der
»Relationalen« immer wieder polemisch kommentiert.[101] Diese
argumentierten, das relationale Modell stelle Daten ausschließ-

lich in ihren »natürlichen Strukturen« dar; es enthalte nichts, was mit den Details des Speicherns und des Zugriffs zu tun habe. In einem Wort: keinen Darstellungsmüll.[102]

Mitte der 1970er Jahre waren die zentralen Begriffe für Codds relationales Modell verfügbar.[103] Alle Daten eines relationalen Datenbanksystems mussten durch ein zusammengehörendes Set von klar bezeichneten Tabellen, sogenannten Relationen, dargestellt werden können. Innerhalb jeder Relation gab es eindeutig bezeichnete Spalten. Die Ordnung der Reihen spielte keine Rolle, aber jede Reihe stellte ein adressierbares Element der von der Relation beschriebenen und von anderen unterscheidbaren Entität dar. Zudem musste jede Relation eine Spalte aufweisen, die als Primärschlüssel bezeichnet wurde.[104] Was *data independence* theoretisch hieß, war in den Diskussionen der vergangenen Jahre gerade in der Auseinandersetzung mit den Anhängern der prozeduralen Datenbankarchitektur klargeworden. Was das von ihr verfolgte Ziel einer erhöhten *user independence* alles erforderlich machte, zeigte jedoch erst die konkrete Entwicklungsarbeit.[105]

Zwischen 1974 und 1979 wurde am IBM-Forschungslaboratorium im kalifornischen San José an einem Projekt gearbeitet, das später als »System R« bekannt geworden ist.[106] In einer ersten Phase wurde in den Jahren 1974 und 1975 eine *Structured English Query Language* (SEQUEL, später SQL) entwickelt, mit der ein zukünftiger Nutzer seine Abfragen an einem interaktiven Terminal formulieren konnte.[107] Große Bedeutung maß man dabei dem *human factor* bei und führte verschiedene experimentelle Studien zur Lernbarkeit und zur Nutzbarkeit des Systems durch. In der zweiten Projektphase (1976 und 1977) ging es darum, das System für mehrere, gleichzeitig arbeitende Nutzer umzubauen und die vorhandene SQL so anzupassen, dass sie auf verschiedenen Systemen angewendet werden konnte. Nutzer, die mit den Programmiersprachen PL / I und Cobol vertraut waren, sollten die gleichen Möglichkeiten haben und die gleiche Syntax verwenden wie die »ad hoc query users«.[108] 1978 und 1979 wurden dann bei IBM selbst und bei drei Kunden Tests im Betrieb durchgeführt und die Erfahrungen der Anwender evaluiert.

»System R« war zweifellos ein großes Experiment, mit dem IBM eine demonstrative Nutzerorientierung an den Tag legte. Der Bau von benutzerfreundlichen Schnittstellen[109] sowie eine konsequente Modularisierung des Systems waren die wichtigsten Strategien, mit denen man die Projektziele zu erreichen suchte.[110] Die Arbeit an der Unabhängigkeit von Daten und Nutzern bereitete den Entwicklern aber viel Kopfzerbrechen. Während die Abfragesprache in ihrer zweiten Version recht gut zu funktionieren schien, kämpften die Entwickler von »System R« nach wie vor mit der Frage, wie sie einen funktionalen Ersatz für die in prozeduralen Datenbanksystemen verwendeten Zusatzinformationen über die Strukturierung der Daten bereitstellen konnten, ohne die Anwender mit Darstellungsmüll zu belasten. Auch das Problem der Performance war kaum aus der Welt zu schaffen – denn die Voraussetzung für den Betrieb einer relationalen Datenbank war, über eine gewaltige Speicherkapazität zu verfügen.

(3) Dass man seit Mitte der 1970er mit dem Design und der Organisation von sehr großen Speichern weiterkam, war Wasser auf die speichertechnisch rücksichtslosen Forderungen der »Relationalen« und brachte, ohne sich um die Datenorganisation selber zu kümmern, viel Bewegung in den Datenhaushalt. Entscheidend für die zukünftige Speicherentwicklung war die Strategie, Speicher von unterschiedlicher Geschwindigkeit, unterschiedlichem Fassungsvermögen und unterschiedlichen Kosten zu einem Sys-

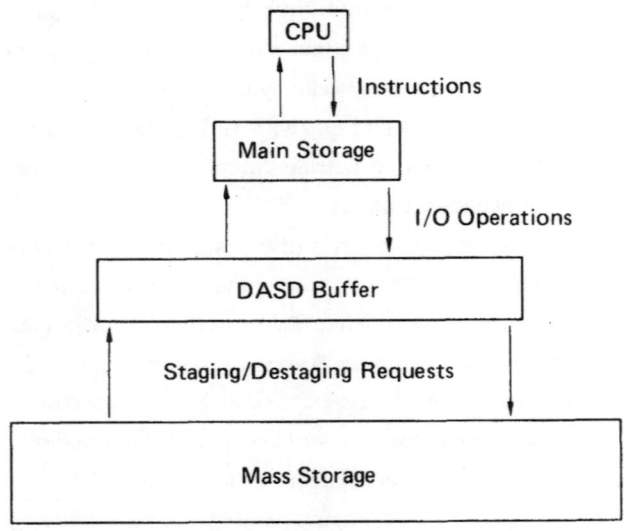

20 Eine wohlorganisierte Speicherlandschaft (1975)

tem zu verbinden, einzelne Speicher also konsequent hinsichtlich ihrer Funktion im Gedächtnishaushalt der Rechner zu organisieren. Das Mass Storage System IBM 3850 beispielsweise, das 1975 vorgestellt wurde, bestand aus einer hierarchisch angeordneten, dreistufigen Speicherarchitektur.

Beim großen, aber langsamen Massenspeicher (Bänder oder Platten) spielte die Zugriffszeit eine geringe Rolle. Er funktionierte gewissermaßen so wie das Hochregallager im Großhandel. Viel flexibler und schneller dagegen war das kleinere Direct Access Storage Device (DASD). Man kann es sich als Kommissionierungsraum vorstellen, in dem die Bestellungen der Detailhandelsfiliale zu einer Transporteinheit zusammengefügt wurden. Hier wurden also die benötigten Daten vorbereitet, neue eingelesen sowie die gerade verwendeten Programme geladen. Über all dem aber schwebte der schnelle *main storage*, der den Datenverkehr mit dem Prozessor regelte und diesen unterstützte.[111] Aus dem peinlichen Umstand des *temporary storage* war eine wohlorganisierte Speicherorganisation geworden, die nicht bloß allen existierenden und geplanten Datenbankarchitekturen diente, sondern im untersten, langsamen Bereich auch den Anspruch hatte, ein großes Daten- und Programmarchiv zu beherbergen. Es lag nahe, lokale Speicherlandschaften (ähnlich wie die Rechner) über wachsende Distanzen miteinander zu verknüpfen. In den 1980er Jahren entstand so neben der *telekommunikativen* Verbindung zwischen den Rechnern auch ein *speichertechnischer* Flickenteppich, der die informationelle Verknüpfbarkeit von Daten infrastrukturell sicherte. In unzähligen Kombinationsformen wurden schnelle und langsame, große und kleine, feste und bewegliche, harte und weiche Speicher miteinander verknüpft – sei es in stabiler Arbeitsteilung oder auch nur im temporären Master-Slave-Verhältnis.[112] Weltweit lagerten sich Programme, Daten und Berichte ab. Unter ständigem Verlust ihres informationellen Gehalts produzierten diese Datenhaufen eine undurchdringliche, nicht kompostierbare Schicht von Datenmüll, der kaum je wieder in die luftigen Höhen einer Datenverarbeitung gelangte.

(4) Die vierte fundamentale Veränderung des Speicherns stand ganz im Zeichen des Hypertextes und der Heterogenität des Gespeicherten. Das Konzept des Hypertextes hatte eine lange Geschichte. Formal verstand man darunter seit den 1960er Jahren ein mit Knoten und Verbindungen zusammengehaltenes Ensemble von Texten, vergleichbar etwa mit den herkömmlichen Verknüpfungsleistungen einer Enzyklopädie oder eines Produktekatalogs mit ihren Verweisen zwischen einzelnen »Artikeln«.[113] Von

praktischem Nutzen schienen Hypertexte überall dort, wo umfangreiche Dokumentationen mit Tausenden von Seiten zugänglich gemacht werden sollten, beispielsweise in der Raumfahrt,
bei der Wartung eines Flugzeugträgers oder bei der Entwicklung
eines großen Betriebssystems. Hier vermochten Hypertextstrukturen die herkömmlichen Verknüpfungsleistungen von analogen
Enzyklopädien, Katalogen und Manualen in eine rechnergestützte Struktur zu übersetzen. Speichertechnisch hatten Hypertexte
den Vorteil einer geringen Redundanz, kognitionswissenschaft-
lich konnte man sie in die Nähe assoziativen Lernens rücken.
Kurz: Hypertexte hatten nicht nur für ihre frühen Anwälte wie
Vannevar Bush, Douglas Engelbart oder Theodore Nelson etwas
Verführerisches oder gar Antiautoritäres. Vielleicht ließen sich
mit ihnen ja tatsächlich neue und unerwartete Assoziationen entdecken? Oder waren sie sogar ein Instrument, um »dem System«
jene Informationen zu entlocken, die es in Ketten prozeduraler
Datenbanken gelegt hatte und nie mehr freigeben wollte? Davon
hatte ja Ted Nelson bereits im Summer of Love 1967 geträumt.[114]
So viel stand fest: Bei Hypertexten gab es keinen offiziellen und
leicht zu bewachenden Ein- und Ausgang. Sie waren strukturell
offen, unterminierten die Autorität, förderten die interpretative
Freiheit und im Grenzfall auch das kritische Denken von Studie-
renden.

Schwieriger war es hingegen, die theoretischen und materiel-
len Konsequenzen abzuschätzen, die Hypertextstrukturen im
großen Stil mit sich bringen würden. Selbst der kalifornische
Computerguru Jef Raskin warnte vor dem »Hype in Sachen Hypertext«. »Wenn die Details hinreichend unklar gehalten werden«, so
Raskin, sei Hypertext ein »wunderbares, universell anwendbares,
mächtiges, natürliches, am Menschen orientiertes Modell für die

Organisation und den Zugang zum Wissen.«[115] Wenn man die
Einzelheiten jedoch präzisieren wollte, entstand erst einmal viel
Diskussionsbedarf.

Diese Debatte wurde ab 1987 in zunehmend rasantem Tempo geführt. Hypertext war nun tatsächlich ein Hype und hatte
Konjunktur. Microsoft legte Ted Nelsons Kultbuch »Computer
Lib / Dream Machines« neu auf,[116] Apple arbeitete an HyperCard,
und die ACM startete eine ganze Serie von Hypertextkonferenzen.[117] Jeff Conklin von der General Electrics hatte gerade für die
IEEE-Leserschaft einen umfangreichen technischen Bericht geschrieben. Darin attestierte er Hypertextsystemen, dass sie maschinengestützte Verbindungen in und zwischen Texten so verwalten konnten, dass sie den Rechner (schon wieder) zu einem
neuen Kommunikations- und Denkinstrument machten. Aus
der Perspektive eines Informatikers sei Hypertext eine *Datenbankmethode*, die den direkten Zugriff auf Daten erlaube, ganz ohne die
»herkömmlichen« Abfragen. Hypertext sei auch eine *Darstellungsform*, die informelles Textmaterial mit Daten aus formalen Auswertungsprozeduren kombinierbar mache. Und schließlich biete
Hypertext eine *Schnittstelle* an, mit der die Nutzer und Nutzerinnen
nach Belieben »Kontrollknöpfe« an inhaltlich interessantem Material anbringen könnten. Zugriff, Darstellung und Schnittstelle
waren für Conklin aber nicht drei verschiedene Anwendungen
von Hypertext, sondern eine voll integrierte Funktionalität.[118]

Conklin führte in seinem Bericht nicht weniger als 20 bereits
existierende Hypertextsysteme auf und verglich sie tabellarisch
miteinander. Ihre Funktionalitäten waren beeindruckend.[119] Raskin aber blieb kritisch und formulierte seine Vorbehalte im Stakkato. Würden die Speicherkapazitäten reichen? Gab es genügend
Bandbreite in den Netzwerken und leistungsfähige Software

für umfangreiche Hypertext-Anwendungen? Wer würde für die
Kosten »des zentralen Systems« (sic!) aufkommen? Wie sicherte
man die Kompatibilität der Systeme, und wie sollten Autoren
bezahlt werden? Offenbar hatte Raskin während seiner Arbeit am
Macintosh gelernt, zwischen Entwicklung und Marketing zu unterscheiden. Mit Sicherheit zählte er nicht mehr zu jenen Compu-
terenthusiasten, die technische Probleme als etwas betrachteten,
das sich »im natürlichen Lauf der Dinge« schon lösen würde.[120]

Die Debatte ließ sich nicht dadurch beenden, dass die Hyper-
text-Skeptiker irgendwann in der Datenflut ertranken, die die Hy-
pertext-Anhänger in ihrem hartnäckigen Verlinkungseifer noch
ansteigen ließen. Aber die Debatte konnte anders weitergeführt
werden, wenn das Problem anders formuliert wurde. Die zunehmende Datenmenge auf den Festplatten von Organisationen
konnte ja niemand übersehen. Das Problem der Informations-
verwaltung ließ sich aber ungeachtet der Menge gespeicherter
Daten bearbeiten, wenn es als ein allgemeines Problem des *Informationsverlusts* in Organisationen beschrieben wurde. Genau das
versuchte der beim europäischen Kernforschungszentrum CERN
arbeitende Physiker und Softwarespezialist Tim Berners-Lee in
einem Proposal, das er 1989 verfasste.[121] Darin machte er den Vorschlag für ein verteiltes Hypertext-System. Begründet wurde der
Vorschlag mit dem ständigen Informationsverlust in den weiten
Speicherlandschaften des CERN. Mit diesem »verteiltem Hypertext« sollte nicht ein neues Datenmanagement für neue Daten
eingerichtet werden. Vielmehr ging es darum, in einer sich laufend verändernden, auf Informationsaustausch basierenden Organisation den Zugriff auf alternde Datenbestände zu sichern.[122]

Berner-Lees Proposal liest sich über weite Strecken wie ein
Nachhilfekurs für die CERN-Physiker. Für sie wäre eine saubere,

hierarchisch strukturierte Datenablage auf den Rechnern des CERN wohl eher der Schlüssel zum wissenschaftlichen Erfolg gewesen, für den dokumentiertes Wissen ja ebenfalls unabdingbar war. Dass eine unkontrollierbare Verlinkungstechnik der informationellen Entropie unter den vergessenen oder kaum mehr auffindbaren Tabellen, Datenblocks und Listen Einhalt gebieten könnte, war zunächst eine abstrakte Vorstellung. Doch Berners-Lee bewies großes kommunikatives Geschick, indem er zeigte, dass es unter den spezifischen IT-Anforderungen am CERN nichts gab, was seinem Organisationszweck widersprochen hätte. So brauchte man schon deshalb unbedingt einen Fernzugriff, weil das CERN eine verteilt operierende Organisation war. Niemand stellte in Frage, dass die Rechnerlandschaft des CERN heterogen zusammengesetzt war und aus sehr unterschiedlichen »VM/CMS, Macintosh, VAX/VMS und Unix«-Maschinen bestand. Eine autoritäre Zentralisierung und Zugangskontrolle zum Gespeicherten war deshalb undenkbar, weil das Wissen aus kernphysikalischen Experimenten ganz klein begann, sehr schnell wachsen konnte und sich mit dem Wissen aus anderen Experimenten und Forschungsgruppen kombinieren lassen musste. Bereits vorhandene Daten konnten nicht einfach gelöscht werden, da sie im Lichte neuer Messresultate vielleicht eine andere Bedeutung erhielten. Zudem mussten Daten und Dokumente mit privaten und mit öffentlichen Kommentaren versehen werden können, was lediglich den Gepflogenheiten im kernphysikalischen Forschungsalltag entsprach. Copyright und Datensicherheit waren dagegen von zweitrangiger Bedeutung, weil die Forschenden Informationsaustauch für wichtiger hielten als Geheimniskrämerei, die ohnehin nicht dem Denkstil der mit dem CERN verbundenen Wissenschaftler entsprach.[123]

Berner-Lees fand bei ihnen Gehör, weil er das Datenflutproblem als ein Datenverlustproblem uminterpretierte und weil er die informationstechnischen mit den organisatorischen Anforderungen des CERN zur Deckung brachte. Zudem trennte er die Speicherung der Daten von ihrer Darstellung und kümmerte sich explizit nicht um die Betriebslogik der einzelnen Maschinen. Damit aber kam er der real existierenden Heterogenität der Daten, der Experimente und des Personals am CERN entgegen.[124] Der Ball seines Proposals wurde schnell auch andernorts aufgenommen und umgesetzt. Gegenüber der IEEE betonten beispielsweise John Noll und Walt Scacchi von der University of Southern California den Vorteil einer verteilten Hypertext-Architektur, weil diese den Zugang zu heterogenen Datenbeständen der Speicher oder Warenlager (repositories) ermögliche. Hypertext verbinde eine Interaktionstechnik für Nutzer, eine Datenrepräsentationsform und einen Speicherungsmechanismus. Dabei respektiere eine solche Datenzugriffsorganisation die Autonomie von Speichern und Nutzern ebenso wie sie in der Lage sei, mit der Heterogenität von Daten und Maschinen umzugehen. Das Konzept einer verteilten Hypertext-Architektur werde dadurch zu einem mächtigen organisatorischen Prinzip.[125]

Es gehört zu den besonderen Merkwürdigkeiten der Geschichte, dass das Konzept eines verteilten Hypertext-Systems zur Verknüpfung heterogener Speicherinhalte just in dem Moment attraktiv wurde, als im Konkurrenzkampf zwischen unterschiedlichen Netzwerkarchitekturen jene Protokolle obenauf schwammen, die mit der Heterogenität anderer Netzwerke besonders gut umzugehen wussten. Netzwerk-, Speicher- und Verknüpfungstechniken für Daten, Maschinen und Organisationen begannen sich auf präzedenzlose Weise zu unterstützen, als die Internetpro-

DB REISE & TOURISTIK SUISSE SA
SCHWARZWALDALLEE 240
CH - 4058 BASEL
UID NR.: DE 268182523

Zugnummer: ICE   000272
Dienstnummer: 065045
Wagennummer: 938058040487

                              MC #02
REG RIESTERE 25-05-2018 19:53   000168
PLATZNUMMER. 4

RECHNUNG

RECHNUNGSNUMMER.   119

1 SPÄTBURGUN.KÖNIGSCHAF.
                         EUR 6,50
1 PUTEN -SCHNITZEL   EUR 12,90
   TOTAL   EUR 19,40
   TOTAL   CHF 23,28
   BAR   EUR 19,40

   NETTO   EUR 16,30
   MWST 19%   EUR 3,10

Es bediente Sie: HERR RIESTERER
Verkaufsort: RESTAURANT

MWST-AUSWEIS: LEISTUNGSORT GEMÄß
ART. 57 RICHTLINIE 2006/112/EG

WIE HAT ES IHNEN HEUTE GESCHMECKT?
SAGEN SIE ES UNS!
WWW.BAHN.DE/GASTRO
VIELEN DANK

tokollsammlung um ein Hypertexttransferprotokoll (http) ergänzt
wurde.[126]

»Das Problem des Informationsverlusts mag am CERN besonders akut sein«, hatte Tim Berners-Lee festgehalten. Das CERN
aber sei nichts anderes als »ein Modell *en miniature* für den Rest der
Welt in wenigen Jahren«.[127] Die globale und lokale Verbindung der
Rechner, ihre nutzerorientierte Abgrenzbarkeit und der flexible
Zugriff auf die gespeicherten Daten ließen in den 1990er Jahren
ein Gewebe zwischen Maschinen, Daten, Organisationen und Akteuren entstehen, das als rechnergestützter »distributed Hypertext« die Ordnung und Kommunikationsweise des World Wide
Web strukturierte. Vier Jahrzehnte nach der großen Einladung
des UNIVAC war die Welt im Computer angekommen.

\\   7 Ausschalten

Die Geschichte, die davon berichtet, wie die digitale Wirklichkeit im Verlauf von vier langen Jahrzehnten entstanden ist, birgt einige Überraschungen, von denen ich abschließend ein paar wenige festhalten möchte. Besonders auffällig scheint mir das Verschwinden des Rechnens im Computer. Das Rechnen wurde bereits Anfang der 1950er Jahre in eine Blackbox verstaut, die man nur im äußersten Notfall zu öffnen bereit war, es wurde unsichtbar gemacht und in seiner Bedeutung so weit zurückgestuft, dass an seiner Stelle das Sortieren, Klassifizieren und Entscheiden prominent gemacht werden konnten. Dafür brauchte es Leute, die etwas von Programmen und Maschinen verstanden. Umso überraschender ist es zu sehen, wie diese Spezialisten einer neuen Kulturtechnik als »code monkeys« verunglimpft und gleichzeitig von wirklich interessanten Fragen möglichst ferngehalten wurden. Für Mathematiker, Manager, Anwender, Techniker, Systementwickler und Projektleiter reichte es, wenn sich Programmierer um die disziplinierte Umsetzung von Instruktionen kümmerten, die den Rechner erziehen und die Freiheitsgrade seiner Nutzer und Nutzerinnen definieren sollten. Ärgerlich war nur, dass Programme immer wieder umgeschrieben und den jeweiligen Aufgaben und Maschinen angepasst werden mussten. Gerne hätte man standardisierte Programmbibliotheken entwickelt. Doch dieses Anliegen entpuppte sich auch nach der Trennung von

Hardware- und Softwaremärkten als Illusion. Gleichzeitig unterschätzten Computerfachleute und Verwaltungskader das Problem, das sich diesseits und jenseits der Rechner beim Formatieren des Inputs und bei der Behandlung des Outputs ergab. Frühe Anwendungen von Rechnern machten überraschend deutlich, dass vor allem die Vorbereitung, also das Erfassen, Formatieren und Ordnen von Daten, mit einem riesigen Aufwand verbunden war. Die Welt maschinenlesbar zu machen brauchte mehr Zeit, als Daten zu verarbeiten. Aber auch beim Output musste man bald feststellen, dass er nicht immer so leicht zu verwerten war wie die von einer Maschine der ersten Stunde gedruckten Gehaltschecks einer ganzen Belegschaft.

Die Politik und Ökonomie des digitalen Raums sind wohl nirgends so wörtlich zu verstehen wie bei der Entwicklung von Betriebssystemen. Das vorliegende Buch verbindet die Anstrengungen zur Entwicklung einer Time-Sharing genannten Nutzungsform von Rechnern in den 1960er Jahren mit der Entwicklung von Regeln, die das Erlaubte vom Verbotenen trennten, das Verhalten der User überwachten und ihre Rechte schützten. Kostspielige Rechenzeit wurde so auf verschiedene User aufgeteilt, dass ihnen der Rechner immer zur Verfügung stand, wenn sie von ihm eine Antwort brauchten. Die Nutzer sollten möglichst wenig warten müssen und die Maschine sollte nie unbeschäftigt sein, lautete das Gebot. Das »System« aber hatte die Regeln des Betriebs zu schützen und darauf zu achten, dass sich Nutzer, Daten und Programme beim Arbeiten nicht gegenseitig störten. Betriebssysteme strukturierten den digitalen Raum mit kurzfristig erteilten Zugangsprivilegien, wohlbegründeten Interventionen und regelgeleiteten Unterbrechungen. Sie konnten Computernutzung zeitlich verteilen und damit teure Rechenkapazität auslasten.

Wenn die Welt in den Computer verschoben werden sollte, dann mussten digitale und analoge Wirklichkeit synchronisiert werden. Nicht immer war die Synchronisierung so anspruchsvoll wie im Mission Control Center der US-Raumfahrtbehörde NASA. Das Beispiel zeigt jedoch eindrücklich, dass Computer zu entlasten sind, wenn sie in Echtzeit mit der analogen Welt interagieren sollen. Das in Houston vorgeführte System mit seinen hochreglementierten personellen Zuständigkeiten, den komplexen organisatorischen Routinen, speziellen technischen Beschleunigungszonen und wohlausgestatteten Warteräumen wurde eng gekoppelt mit einem weltweit operierenden und lokal gebündelten medialen Dispositiv. Houston führte die rechnergestützte Kontrolle der Raumfahrt im Modus einer personal- und apparateintensiven Überwachung von Rechnern vor, indem das Mission Control Center nicht nur den Mond, sondern auch die Erde auf die mit Sprechfunk, Rohrpost, Fernsehen und Telefon ausgestatteten Konsolen der flight controller und die Bildschirme in den Wohnzimmern brachte.

Seit den frühen 1950er Jahren stellte sich die Frage, wie einerseits hinreichende Verarbeitungskapazität herzustellen und andererseits mit der erwarteten Überkapazität von Rechnern umzugehen sei. Nur wenn noch mehr »Platz« war in den Rechnern, ließen sich weitere Prozesse in den Computer verlagern, nur wenn dieser Platz ausgelastet war, lohnte sich das Geschäft. Den Herstellern blieb nichts anderes übrig, als mutige Annahmen über die zukünftige Sogwirkung des digitalen Raums zu treffen und dazu passende Firmenstrategien zu formulieren. Die unbestrittene Marktführerin IBM hatte um 1960 den Prozessor zum Ausgangspunkt aller Entscheidungen gemacht. Das Beispiel zeigt, dass Strategien überzeugend und erfolgreich sein können, auch wenn sie nicht zu dem führen, was sie einst aus guten Gründen versprochen hatten. Nicht viel besser sah es bei der nachfrageseitigen Abschätzung zukünftiger Computernutzung aus. Die Wunschliste der Kunden, die Nachfrage nach dem, was Rechner tun sollen und wie man den digitalen Raum eingerichtet haben wollte, wurde ständig erweitert und ständig enttäuscht. Aber zugleich wurde etwas Unvorhergesehenes gewonnen oder wenigstens das selbstverständliche Weiterarbeiten an einem nächsten Projekt ermöglicht. Das Projekt wurde in der digitalen Wirklichkeit zu jenem Instrument, das zwischen Versprechen und Erwartung produktiv vermittelte.

Die Überraschung, die sich aus der Beobachtung der in den 1970er Jahren einsetzenden Verbindung von Rechnern ergibt, hat wenig mit Erwartungsenttäuschung, aber viel mit nicht intendierten Handlungsfolgen zu tun. Innerhalb eines Jahrzehnts entstand ein Flickenteppich von Netzwerken. Keines dieser Netzwerke, von denen einige besonders klug und sorgfältig konzipiert waren, konnte sich gegen die anderen durchsetzen und so eine alles integrierende Vernetzung im digitalen Raum bewerkstelligen. Dass jene Protokolle, die Anfang der 1970er Jahre in experimentellen Netzen des amerikanischen Verteidigungsdepartements konzipiert wurden, schließlich das Rennen machten, war noch Ende der 1980er Jahre nicht zu erwarten. Ihr später Erfolg lag weder an ihrer besonderen Leistungsfähigkeit noch an einer besonderen militärischen Ausrichtung. Es lag vielmehr daran, dass sie auf lokalen Lösungen aufsetzten und als Vernetzung der Netze, das heißt als Internet operierten.

Gerne hat man die Rolle der kalifornischen Gegenkultur für die computertechnische Abgrenzung verantwortlich gemacht, die den Computer personalisiert und damit den Personal Com-

puter hervorgebracht hat. Meine Lektüre führt zu einem anderen
Schluss. Weder die Verschiebung der Freizeitbeschäftigung (Hobby) noch jene der häuslichen Belange (Home) in den Computer
waren die entscheidenden Abgrenzungsziele. Es war vielmehr die
Verlagerung der kleinen, alltäglichen Büroarbeit in die mit Mikroprozessoren ausgestatteten Maschinen, die in den 1980er Jahren
den Rechner zu einem persönlichen Computer machte.

Schließlich ist auch die Entwicklung der Speicherkapazität des
digitalen Raums anders zu deuten als bisher. Sie nimmt ihren
Anfang beim Hilfsspeicher, der gewissermaßen als Notizzettel
für Zwischenresultate genutzt worden ist. Sie setzt sich fort über
die Verkettung von Daten im Datenbankmanagement der 1960er
Jahre und deren Befreiung in der Tabelle der relationalen Datenbank der 1970er, über die Organisation von interagierenden Spei-
chersystemen bis hin zum wachsenden Problem des Datenmülls.
Die nutzerseitig gesetzten Links waren als Maßnahme gegen den
Informationsverlust in Organisationen verstanden worden.

Meine Geschichte, die davon erzählt, wie die Welt in den
Computer kam, endet nur zufälligerweise in einem Moment, da
manche das Ende der Geschichte und andere den Beginn einer
neuen Weltordnung verkündeten. Das Ende meiner Geschichte
wird nicht durch solche Ankündigungen bestimmt. Vielmehr ist
es so, dass sich die Frage, wie die digitale Wirklichkeit entstanden und selbstverständlich geworden ist, irgendwann erschöpfen
muss. Was gegen Ende des 20. Jahrhunderts noch zusätzlich in
den Rechner kam, traf dort auf eine stark strukturierte Ordnung
von Raum, Zeit und Dingen. Wenn jetzt Daten auf Datenbanken
trafen, Protokolle mit Protokollfamilien interagierten, Programme auf Betriebssysteme stießen und User miteinander interagierten, machte man sich nicht mehr um den Umzug Sorgen, sondern

wunderte sich über die Selbstverständlichkeit und die Selbstän-
digkeit der digitalen Welt.

Die Frage nach der »Entstehung einer digitalen Wirklichkeit«
wurde in den 1990er Jahren abgelöst durch die Frage nach der
»Autonomie des Digitalen«. Sie wurde zunächst als traditionelles
Problem einer außer Kontrolle geratenen Technologie diskutiert,
etwa im Nachgang zu dem vom *programm trading* mitverursachten
Börsencrash von 1987.[1] Bald verschob sich allerdings die Rede
von der Autonomie ins Grundsätzliche, manchmal auf befür-
wortende Weise, manchmal im befürchtenden Sinn. Nicht nur
Formen der individuellen und kollektiven Autonomie, die sich im
digitalen Raum entfalten und pflegen ließen, erlebten mit dem
Boom des World Wide Web eine Hochkonjunktur. Auch die Rechner und ihre Verbindungen wurden selbständig. Autonom agie-
rende Suchmaschinen pflügten sich durch den mit Hyperlinks
versehenen Datenmüll und indexierten alles Gefundene. Ihre
Fundlisten wurden von Algorithmen sortiert, denen ebenfalls ein
hoher Grad an Autonomie attestiert wurde. Große Ängste vor der
Autonomie der digitalen Wirklichkeit löste schließlich das »Y2K«-
Problem aus. Denn niemand konnte mehr mit Sicherheit sagen,
was Rechner am 1. Januar 2000 tun würden, wenn ihre aktuelle
Jahreszahl zum ersten Mal in der Geschichte, noch vor Ende des
Jahrtausends, von 99 auf 00 zurücksprang und sie einen veritablen
historischen Bruch erlebten. Kurz danach steigerte ein Grund-
satzpapier von IBM die Unsicherheit im Umgang mit der Com-
puterautonomie durch den Hinweis auf eine sich anbahnende
»software complexity crisis«. Systeme würden in naher Zukunft
so komplex werden, dass die Interaktionen ihrer Komponenten
nicht einmal von hochspezialisierten Systemverantwortlichen
installiert, konfiguriert, optimiert, unterhalten und zusammen-

gebaut werden könnten. Den einzigen Ausweg böten Systeme, die sich selber verwalteten.[2]

Dass es die Autonomie der digitalen Wirklichkeit war, die nun zum Nachdenken führte, halte ich für eine historisch bedeutsame Veränderung, die nicht mehr mit der Erzählung vom großen Umzug der Welt in den Computer verständlich gemacht werden kann und diese darum auch beendet.

75 47 25	CC	Well, what mode are you in on your computer now?
75 47 27	C	I just went from Prelaunch to Catch-Up. That turned the Comp light OFF. Let's see if it comes back on now. Okay. It's back on. Now we'll turn the whole computer OFF and see what happens.
75 47 53	C	I still get the Computer Running Light when I've got the switch OFF
75 48 00	CC	You still have the Computer Running Light with the switch OFF?
75 48 02	C	That's affirmative.

Gesprächsprotokoll zwischen Bodenstation (CC) und Astronaut (C) während der Gemini 4 Mission, NASA 1965, S. 305.

\\ Dank

Im Herbst 1997 hielt ich meine erste computerhistorische Vorlesung. Während der Netzhype gerade selbstverständlich zu werden begann, versuchte ich die Geschichte des Internet zu verstehen und stolperte in einen für mich neuen Themenkomplex. In der Computergeschichte ließ sich damals wie heute laufend Neues entdecken. In Seminaren und an Konferenzen, in verstreuten Zeitschriftenaufsätzen und vielen Gesprächen versuchte ich seither, die technikhistorischen Fragen in und um den Rechner so lange auseinanderzuschrauben, bis sich mir vorübergehend ein stabiles Bild ergab. Daniela Zetti, die gerne beim Herstellen von solchen Deutungsversuchen mitmachte, wechselte eines Tages abrupt von meinem Konjunktiv in ihren Imperativ: »Es wäre gut zu wissen, wie die Welt in den Computer gekommen ist. Aber Du müsstest es halt mal aufschreiben!« Daniela hat das Projekt seither mit unendlicher Geduld und viel Humor begleitet, über unbrauchbare Kapitelanfänge großzügig hinweggeschaut und damit gerechnet, dass die nachfolgenden Abschnitte schon dafür sorgen würden, dass sich der holprige Anfang auch streichen ließ. Dort aber, wo neue Zusammenhänge auftauchten, brachte sie mich dazu, ihnen nachzugehen oder sie sogar ins Zentrum zu rücken. Dafür bin ich sehr dankbar.

Großen Dank schulde ich auch Gisela Hürlimann. Sie hat mich während langer Monate beharrlich daran erinnert, dass Schreiben zwar interessant ist und manchmal sogar vergnüglich werden kann, dass ich aber der imaginierten Leserschaft vor allem Zeit schenken, nicht Zeit stehlen dürfe. Sie pochte auf Klarheit und forderte Belege, wo ich mich aufs Gedächtnis verlassen wollte. Die Files, die ich ihr jeweils zur Probelektüre schicken durfte, kamen zu allen Unzeiten jeweils so zurück, dass ich selbst als Farbenblinder merken musste, was zu tun war, wo das Eis ohne weitere Abklärungen dünn wurde und wo man sich mit Vorteil an eine von Kapriolen freie Ordnung halten durfte. Wo es aber wirklich zu knirschen begann und das Korrigieren nur schwarze Löcher hinterlassen hätte, konnte ich mit der Unterstützung von Maya Wohlgemuth rechnen. Ihre phantastischen Recherchierkünste sorgten dafür, dass waghalsige Passagen entweder anständig abgesichert wurden oder sich wenigstens elegant überspringen ließen.

Manche Darstellungsideen durfte ich auch in jüngerer Zeit in Vorträgen ausprobieren – beispielsweise am Digital Culture Research Lab in Lüneburg, am Collegium Helveticum in Zürich, am Zentrum für Zeitgeschichtliche Forschung in Potsdam, auf dem Monte Verità in Ascona oder an der Jahrestagung der Gesellschaft für Geschichte und Philosophie des Computers in Brno. Den Hinweisen von Lutz Wingert, Hansjörg Siegenthaler, Wilfred van Gunsteren, Michael Hampe, Lea Haller, Hannes Mangold, Lea Pfäffli, Luca Frölicher, Nick Schwery, Mirjam Mayer, Luca Thanei, Claus Pias, Martin Warnke, Liesbeth de Mol, Frank Bösch, Monika Dommann, Renate Schubert, Ricky Wichum und Thomas Hengartner konnte ich viel zu wenig nachgehen – sie müssen also damit rechnen, dass ich vom Deklarativ des Buches wieder in den Konjunktiv des ungesicherten Arguments wechsle. Erich Projer hat die Kapitel kritisch gelesen und nach scharfem Nachdenken jeweils zum Hörer gegriffen, um mir zu sagen, dass das so gehe oder dass es strukturelle Schwächen gab, die weitere Arbeit oder Kürzungen erforderlich machten. Er würde jetzt vielleicht sagen, das sei gar nicht oft nötig gewesen. Auch Jakob Tanner hat das ganze Buch in *statu nascendi* gelesen und, ebenfalls nach scharfem Nachdenken, auf viele großartige Erweiterungsmöglichkeiten hingewiesen, von denen ich viele vermeiden konnte. Er würde jetzt vielleicht sagen, es gebe noch weitere.

Simone Roggenbuck verdanke ich unendlich viel mehr, als sich hier sagen lässt. Sie hat mich in allen denkbaren Aggregatszuständen erlebt, mit mir nachgedacht, den Kopf geschüttelt und immer wieder herzlich gelacht. Dass sie »das Büchlein« aber immer für möglich gehalten hat, war entscheidend. Simone, es ist für Dich.

\\ Anmerkungen

1 Einschalten

1 Berühmt wurden die 5000 »Mannjahre«, die IBM zur Entwicklung des OS 360 zwischen 1961 und 1965 eingesetzt hat. Der dafür verantwortliche Leiter des Projekts, Frederick P. Brooks, relativiert die Rede vom »Mannjahr«, in dem er vom »mythical man-month« spricht. Brooks 1995.

2 Daniela Zetti verdanke ich den Hinweis auf diese Frage Michael S. Mahoneys. Siehe Mahoney 2005, S. 129 und Mahoney 2011.

3 Spitzer2012.Klappentextaufhttp://www.droemer-knaur.de/ebooks/ 7783038/digitale-demenz

4 Vgl. die digitale Bibliothek der ACM auf http://dl.acm.org/

5 Oral History Collection auf http://www.computerhistory.org/col lections/oralhistories/

6 Misa 2017.

7 Vgl. http://www.youtube.com/watch?v=j2fURxbdIZs, Remington-Rand Presents the UNIVAC. Siehe auch Eckert u. a. 1951b.

8 Einen konventionellen Überblick über die Computergeschichte mit starkem Fokus auf das unternehmerische Problem findet sich bei Campbell-Kelly u. a. 2014. Zum Manhattan Project vgl. Gosling 1994. Zur Rolle von elektronischen Rechnern im Manhattan Project Pelaez 1999. Eine frühe Beschreibung des ENIAC findet sich in Goldstine und Goldstine 1996 (1946). Zur Bedeutung von elektronischen Rechnern in der Kryptologie vgl. Sale u. a. 2000. Zur Entmilitarisierung oder Kommerzialisierung der Computer am Übergang vom ENIAC zum UNIVAC siehe Stern 1981.

9 Vgl. http://www.youtube.com/watch?v=j2fURxbdIZs, Remington-

RAND Presents the UNIVAC. Zur Logistik von Daten vgl. Gugerli 2009a.

10   http://www.youtube.com/watch?v=j2fURxbdIZs, Remington-RAND Presents the UNIVAC. Hervorhebung D. G.

11   http://www.youtube.com/watch?v=j2fURxbdIZs, Remington-RAND Presents the UNIVAC.

12   McPherson und Alexander 1951. Gray 2001.

13   Heide 2009.

14   1956 konnte Walter Cronkite schon ganz selbstverständlich ins UNIVAC-Zentrum schalten lassen, um die neuesten Zahlen zur Wahl abzuholen. Auch diesmal sagte UNIVAC den Sieg von Eisenhower voraus, und hatte wieder recht ... http://www.youtube.com/watch?v=v7K8MW8wQWs

15   https://www.youtube.com/watch?v=FMXT4f8C63A

16   Das war, wie Paul Edwards betont, »die Welt in einer Maschine«. Edwards 2000.

2 Rechnen, Programmieren und Formatieren

1   Vgl. die Demonstration »Mechanische Rechenmaschine Brunsviga« aus dem Jahr 1947 auf https://www.youtube.com/watch?v=o66EWlZZaok

2   Zur Geschichte der Turing-Maschine vgl. Herken 1988; zu John von Neumann vgl. Glimm u. a. 1990.

3   Die Auseinandersetzungen zwischen IBM und Howard Aiken rund um den Bau des Mark I an der Harvard University füllen noch heute ganze Bücher. Siehe Cohen und Aspray 2000.

4   http://www.youtube.com/watch?v=j2fURxbdIZs

5   »To meet this need for high speed data processing, the scientist and technicians of the Eckert-Mauchly division of Remington Rand have created a miracle of electronic development: UNIVAC, *a complete electronic system for sorting, classifying, computing and decision-making.* Acting upon alphabetical as well as numerical data at incredible speeds and with complete accuracy.« http://www.youtube.com/watch?v=j2fURxbdIZs, Hervorhebung DG.

6   Vgl. Tarifierungshandbücher der Lebensversicherungsgesellschaft
    »Vita« im Archiv der Zürich Versicherungen: Z-Archiv, Q 129 204
    30343:1, VITA: Tarifbücher div. Versicherungsformen 1952–1991.
    Ich danke Luca Frölicher für diesen Hinweis. Zur »actuarial prac-
    tice« im Versicherungsgeschäft siehe Stadlin 2010.

7   Die Ausgangslage war klar: Es handelte sich um die Doppelver-
    glasung einer Turnhalle mit zehn Fenstern, die insgesamt 3,20 ×
    1,60 m Lichtgröße und pro Fenster »32 Scheiben B 4/4 im Ausmaß
    von 37,5 × 77 cm aufweisen«. Dafür wurden zwölf Kilogramm Kitt
    verbraucht, wobei ein 25-Kilogramm-Kessel Kitt zwölf Franken
    kostete. Es ist nicht anzunehmen, dass das Problem direkt aus
    dem täglichen Werkstattrechnen stammte. Hirzel und Käfer 1943,
    S. 25–29.

8   Stahel 1950, S. 91–104.

9   Reed 1952.

10 Mindell 2002, S. 87–91.

11 Dieses geometrisch materialisierte »Rechnen« kannte man seit der
    Mitte des 19. Jahrhunderts vom Polarplanimeter, mit dessen Hilfe
    die Fläche eines unregelmäßigen Kartenausschnitts durch Nach-
    zeichnen seiner Ränder bestimmt werden konnte. Amsler 1856;
    Amsler und Erismann 1993; Bruderer 2015.

12 Mayer 1908.

13 Failure Is Not An Option. A Flight Control History of NASA, 2014,
    https://www.youtube.com/watch?v=7f51Jzm7M4w 28:08.

14 Crank 1947, Owens 1986, Aiken 1975 (1937), Cohen und Aspray
    2000.

15 Eckert u. a. 1945, Goldstine und Goldstine 1996 (1946), Van der
    Spiegel u. a. 2000.

16 »The features to be incorporated in calculating machinery special-
    ly designed for rapid work on scientific problems, and not to be
    found in calculating machines as manufactured for accounting
    purposes, are the following (…).« Aiken 1975 (1937).

17 Turing 1952.

18 »An automatic computing system is a (usually highly composite)
    device, which can carry out instructions to perform calculations
    of a considerable order of complexity – e. g. to solve a non-linear

partial differential equation in 2 or 3 independent variables nume-
rically.« Neumann 1945, S. 355.

19   Zur Anwendung auf Rassenforschung und Vererbungslehre siehe Füssl 2010, S. 109. Zu den erweiterten Anwendungsfeldern vgl.
Zuse 1948.

20   Eckert u. a. 1951a.

21   »True to its name, Universal Automatic Computer, the UNIVAC
system is capable of handling data processing or calculation in
virtually all fields of human endeavor.« Eckert u. a. 1951a, S. 11.

22   Aiken 1975 (1937). Siehe auch Bashe 1999, S. 71.

23   Eckert u. a. 1951a, S. 12.

24   Eckert u. a. 1951a, S. 12.

25   Eckert u. a. 1951a, S. 12.

26   Perret, Jacques an Christian de Waldner, Präsident der IBM France,
16. 4. 1955, zit. nach http://blog.museeinformatique.fr/m/Decouv
rez-l-origine-du-mot-ordinateur-invente-il-y-a-pres-de-55-ans-
par-Jacques-Perret-a-la-demande-de-IBM_a212.html

27   Perret konsultierte offenbar nicht die erste Ausgabe des Diction-
naire de la langue française, die 1863–1872 publiziert worden war.

28   Zetti 2008; Zetti 2009.

29   Zuse 1980. Vgl. auch Bruderer 2010, Tobler 2001.

30   Furger und Heintz 1997.

31   Rutishauser u. a. 1951.

32   Stiefel 1954, S. 29. Hervorhebung im Original.

33   Stiefel 1954, S. 30.

34   Stiefel 1954, S. 32.

35   »The job of planning and programming problems may well become
the bottleneck in operation.« John W. Carr 1952, S. 238.

36   Johnson 1952, S. 78.

37   Projektantrag für den Bau der Ermeth 1953, zit. nach Bruderer 2015,
S. 566–568.

38   Gugerli 2009a.

39   Rutishauser 1952. Rutishauser 1956, S. 2.

40   John W. Carr 1952. Vgl. auch Bemer 1957b.

41   Zuse 1936.

42   Ridgway 1952.

43   Zur fordistischen Kultur eines Teils der Mathematik im frühen
      20. Jahrhundert, Heintz 1993.

44   Wexelblat 1981.

45   Kemeny und Kurtz 1964.

46   Studienzentrum für Administrative Automatisierung 1966.

47   Vgl. Studienzentrum für Administrative Automatisierung 1966;
      Palormo 1967; Jensen 1967 und Willoughby 1971.

48   Studienzentrum für Administrative Automatisierung 1966, S. 70.

49   Levine 1961.

50   Brown und Ridenour 1953.

51   Sheldon und Tatum 1951, S. 30.

52   Dover 1954, S. 172.

53   »Before the data could be reduced, that is, reduced on IBM machi-
      nes or desk calculators, it had to be processed; that is, put into a
      form where it could be handled readily and easily by the IBM card
      programmed calculators.« Dover 1954, S. 172. Zum elektronischen
      Lochkartenrechner von IBM vgl. Sheldon und Tatum 1951.

54   Gugerli 2012.

55   Dover 1954, S. 173.

56   Dover 1954, S. 178.

57   Zu den hohen Anforderungen an das Format beim automatisierten
      Input bei *Business Data-Processing Systems* vgl. Eldredge u. a. 1957.

58   McPherson 1953, S. 52.

59   McPherson 1953, S. 52–53.

60   McPherson 1953, S. 52.

61   Welsh und Lukoff 1952, S. 47.

62   Welsh und Lukoff 1952, S. 47.

63   Hopper 1952, S. 244.

64   Aspray 1994.

65   Austrian 1982; Campbell-Kelly 1998; Yates u. a. 2001; Yates 2005.

3 Teilen und Betreiben

1   Lesser und Haanstra 1957, S. 140.

2   Simon 1962.

3   Es sei unmöglich, Rechner zu entwickeln, die gleichzeitig für den militärischen und den kommerziellen Bereich zu wettbewerbsfähigen Preisen anzubieten wären, hielt 1961 eine Strategiegruppe der IBM fest. Haanstra u. a. 1983 (1961), S. 18.

4   Zu den Schwierigkeiten, Computerkosten zu beziffern, vgl. Haanstra u. a. 1983 (1961), S. 23.

5   Wie tief das Fließband in den Köpfen der Computerspezialisten verankert war, zeigt Heintz 1993.

6   Lesser und Haanstra 1957, S. 140.

7   Lesser und Haanstra 1957, S. 140.

8   Lesser und Haanstra 1957, S. 140 und 141.

9   Lesser und Haanstra 1957, S. 144.

10 McCarthy 1959; Teager und McCarthy 1959.

11 McCarthy 1959.

12 McCarthy 1959.

13 McCarthy 1959; Teager und McCarthy 1959; Science News-Letter 1961.

14 Corbató u. a. 1962, S. 335.

15 https://www.youtube.com/watch?v=Q07PhW5sCEk

16 Schon Bemer 1957a zeigt, dass man darüber vortrefflich streiten kann.

17 https://www.youtube.com/watch?v=Q07PhW5sCEk

18 Zur Programmiererperspektive siehe Bauer 1958.

19 So auch in Corbató u. a. 1962, S. 335.

20 Zum Prioritätsproblem beim time-sharing vgl. Greenberger 1966.

21 Corbató 1964. Anonym 1964. Zum Supervisor siehe auch Vyssotsky u. a. 1965.

22 Dennis 1968. Siehe dazu auch das Kapitel »Verbinden, Abgrenzen und Speichern«.

23 Fano 1967.

24 Fano und Corbató 1966.

25 Tanenbaum 2014, S. 6–7. In den folgenden Abschnitten zum Time-Sharing und zu den Betriebssystemen plündere ich Teile aus Gugerli und Mangold 2016 und passe sie dem hier relevanten Kontext an.

26 John McCarthy (1983), Reminiscences on the history of time sha-

ring, http://www-formal.stanford.edu/jmc/history/timesharing/
timesharing.html

27   Klossner 1980.

28   Sumner u. a. 2000.

29   Kilburn u. a. 1962.

30   Kilburn u. a. 1962.

31   Brooks 1995.

32   Corbató u. a. 1972; Corbató und Vyssotsky 1965; Vyssotsky und Cor-
     bató 1965.

33   Corbató und Vyssotsky 1965.

34   Luhmann 1966, S. 9. Vgl. auch bereits Luhmann 2007 (1964).

35   Hausammann 2008.

36   Zur strukturbildenden Wirkung von Formularen, Akten und Ab-
     lagesystemen in bürokratischen Systemen siehe Vissmann 2001.

37   Luhmann 1966, S. 9–10.

38   March u. a. 1958, S. 142–150. Vgl. insbesondere Simons Buch über
     die neue Wissenschaft der Managemententscheidung. Simon 1977
     (1960) und Simon 1960 sowie Luhmann 1968.

39   So der Managementtheoretiker und nachmalige Präsident der Ro-
     ckefeller Foundation und Chairman der National Science Founda-
     tion Chester Barnard im Vorwort zu Herbert A. Simons Buch über
     »Administrative Behaviour«. Simon 1976 (1946), S. xlvi.

40   Luhmann 1966, S. 18.

41   Gugerli 2010.

42   Campbell-Kelly 2003; Egger 2013.

43   ETH-Bibliothek 1968.

44   Girschik 2010. Im Versandhandel wurde sehr früh über den Einsatz
     von Rechnern nachgedacht: Martin 1954.

45   Haigh 2001. Haighs Argument findet sich bekanntlich bereits bei
     Daniel Bell, vgl. Bell 1967 und Bell 1973.

46   Dearden 1964; Dearden 1965; Dearden 1972.

47   Girschik 2010.

48   Haigh 2001.

4 Synchronisieren

1 Nicht einmal der Zufall wurde dem Zufall überlassen, wie jene Arbeiten zeigen, die sich mit der Programmierung des Rechners für die Produktion von Zufallszahlen beschäftigten. Certaine 1958; Greenberger 1959; Green u. a. 1959; Coveyou 1960; Greenberger 1961.

2 Kranz 2001; Mindell 2008. »Houston« gilt inzwischen auch als *lieux de mémoire* der Nation: Launius 2009.

3 Zur rechnergestützten Überwachungs- und Kontrollkultur vgl. Gugerli und Mangold 2016.

4 Gates und Pickering 1965.

5 Vgl. den vom langjährigen Flight Director Gene Kranz (wohl erst *ex post*) verwendeten Slogan »failure is not an option«. Kranz 2001.

6 Johnstone 1969.

7 Tomayko 1988, S. 249–250.

8 Tomayko 1988, S. 252.

9 Hamlin 1964, S. A2.2-1. Donegan u. a. 1964. Auch für das Goddard-Raumfahrtzentrum war ein *real-time-computing*-Anspruch formuliert worden. Vgl. beispielsweise Gass 1961 und Adams und Federico 1964.

10 James 1981, S. 422.

11 Tomayko 1988, S. 251.

12 Hutchinson 2012.

13 Philco 1967. »The manual is primarily an orientation/indoctrination guide and, in addition, furnishes a reference source for information pertinent to the MCC-H systems, subsystems, and major components«. Philco 1967, S. v/vi.

14 Philco 1967, passim.

15 Philco 1967, Abschnitt 3-3-1-4, S. 3.12.

16 Zur Rohrpost im MCC Houston siehe Philco 1967, Paragraph 2-3-7, S. 3.9. Zur Mobilisierung des Fernsehbildes vgl. Hutchinson 2012, Abschnitt »The flight controller's console.«

17 Vgl. Philco 1967, Paragraph 2-2-2, S. 2.6. Zum Zeitmanagement der Rechneranlage unter den Bedingungen des *real-time computing* siehe auch Johnstone 1969, S. 20.

18   Bhola u. a. 1968.

19   Philco 1967, Paragraph 2-2-2, S. 3.3–3.4. Vgl auch Hutchinson 2012,
      S. 3.

20   Philco 1967, Paragraph 1–4. Zum Eidophor vgl. Meyer 2008.

21   Zur computerhistorischen Bedeutung der *closed worlds* und ins-
      besondere des rechnergestützten SAGE-Projekts vgl. Edwards
      1996. Ein satirisches Beispiel für die den *war room* dramaturgisch
      nutzende Filmproduktion ist *Dr. Strangelove or: How I Learned to Stop
      Worrying and Love the Bomb* von Stanley Kubrick von 1964.

22   Apollo Flight Journal, Apollo 8, Day 3, 055:02:46 bis 055:28:34,
      http://history.nasa.gov/ap08fj/09day3_green.htm (Zugriff 25. Ok-
      tober 2016). Zur Reichweite des Weltraumfernsehens vgl. Rosen-
      felder 2003.

23   Apollo Flight Journal, Apollo 8, Day 3, 055:02:46 bis 055:28:34,
      http://history.nasa.gov/ap08fj/09day3_green.htm (Zugriff 25. Ok-
      tober 2016).

24   Auf Lovells Kommentar, dass ein Reisender aus dieser Höhe wohl
      nicht sagen könne, ob die Erde bewohnt sei oder nicht, fragte Mike
      Collins (an der CapCom-Konsole in Houston) nach: »Don't see
      anybody waving; is that what you are saying?«, Apollo Flight Jour-
      nal, Apollo 8, Day 3, 055:18:22 bis 055:18:31, http://history.nasa.
      gov/ap08fj/09day3_green.htm (Zugriff 25. Oktober 2016).

25   Zum Spiegelstadium als Bildner der Ichfunktion Lacan 1986 (1948).
      Ende der 1960er Jahre hat die Apparatus-Theorie darauf aufmerk-
      sam gemacht, dass die Filmvorführung im Kino die Zuschauer im
      blinden Fleck der medialen Installation hält, vgl. Rosen 1986. Die
      TV-Übertragung aus Apollo 8 in den Kontrollraum in Houston und
      auf die TV-Apparate der ganzen Welt unterminierte dieses cineas-
      tische Dispositiv insofern, als sie eine Selbstbetrachtung aus dem
      Weltraum vorführte. Zum Satellitenblick vgl. Sachs 1994.

26   Boulding 1966; Fuller 1969.

27   Der Umstand, dass dies eine kommunikative Leistung des Kon-
      trollzentrums ist, schmälert den Beitrag seiner in *real-time* operie-
      renden Rechner zur Herstellung von lokaler Synchronizität zwi-
      schen unterschiedlichen, asynchronen Systemen keineswegs. Zum
      Verhältnis von Gleichzeitigkeit und Synchronisation vgl. Luhmann

1993, S. 119. Die Rechenschaftsberichte der NASA ermöglichten *ex post* noch weitere Formen der (visuellen) Gleichzeitigkeit, etwa durch die graphische Synopse des vorberechneten sanften und eleganten Landeanflugs der Apollo-11-Mission auf das *Mare tranquilitatis* einerseits und der von Neil Armstrong »von Hand« durchgeführten Annäherung an den Landeplatz im Rodeostil unter vollkommener Ausschöpfung des vorhandenen Brennstoffs andererseits. Mindell 2008, S. 227.

5 Herstellen und Einrichten

1   Frei 2008; Kraushaar 2000.

2   Vgl. die strategischen Entwicklungsziele für IBM, wie sie von der SPREAD Task Group Ende 1961 festgelegt wurden. Haanstra u. a. 1983 (1961), S. 6.

3   Es sei denn, man verstand lange Haare als Bestandteil eines Syndroms exzessiver Unabhängigkeit und milder Paranoia, wie das Dick H. Brandon 1968 auf der nationalen ACM-Konferenz tat. Brandon bezeichnete Programmierer während einer Grundsatzdebatte der ACM über »Managing the economics of computer programming« als egozentrisch, leicht neurotisch, an der Grenze zur schwachen Schizophrenie. Belegen lasse sich dies mit dem gleichzeitigen Auftreten von Bärten und Sandalen sowie anderen Symptomen des schroffen Individualismus oder Nonkonformismus, wie es bei Programmierern vorkomme. Brandon 1968. S. 333.

4   Das jedenfalls behauptete man im Schoß der ACM mit Berufung auf »Moody's Computer Industry Survey Fall 1967«. Brandon 1968, S. 332.

5   Daraus konnte eine ganze Diskussionsreihe entstehen: Morton und McCosh 1968; Miller 1969; Boulden und Buffa 1970; Jones 1970.

6   Nach Denning 1971, S. 175, kam die Rede von den Generationen um 1964 auf, im »Jahr, als die dritte Generation von Maschinen angekündigt wurde«. Ursprünglich habe sich die »Generation« nur auf Hardware bezogen.

7   Haanstra u. a. 1983 (1961), S. 6.

8   IBM zeichnete sogar den Stammbaum der Prozessorfamilie:
     http://www.computerhistory.org/revolution/mainframe-compu
     ters/7/162/573

9   Haanstra u. a. 1983 (1961), S. 8.

10   Haanstra u. a. 1983 (1961), S. 14.

11   Haanstra u. a. 1983 (1961), S. 9.

12   http://www.computerhistory.org/revolution/mainframe-compu
     ters/7/162/575?position=0

13   Auch 1965 war es für niemanden ein Geheimnis, dass Betriebs-
     systeme, Speicherzugriffe, Anwendungssoftware und Peripherie-
     geräte ebenfalls über die Leistungsfähigkeit eines Computers be-
     stimmten.

14   Siehe Moore 1965. Zu Moore's Law als technikdeterministische
     Argumentationsfigur vgl. Ceruzzi 2005.

15   Haanstra u. a. 1983 (1961), S. 18.

16   Grosch 1953, S. 310. Groschs eher intuitiv formulierte skalenöko-
     nomische Hypothese wurde von Knight 1966 mit großem experi-
     mentellem Aufwand bestätigt. Vgl. auch Solomon 1966. Erst Ende
     der 1970er Jahre wurde Grosch in Frage gestellt. Cale u. a. 1979
     zeigten, dass das Preisleistungsverhältnis nur für Großrechner,
     nicht aber für Kleinrechner vorhergesagt werden könne. Die ur-
     sprüngliche Geltung von Groschs Behauptung mag daher rühren,
     dass sich die Preisgestaltung von IBM nach Groschs Beobachtung
     richtete, Knight also 1966 nur das messen konnte, was von IBM ge-
     mäß »Grosch's Law« festlegen musste. Mit der ursprünglich nicht
     geplanten IBM 360/20 lancierte IBM Mitte der 1960er Jahre ein ei-
     genes, von IBM in Deutschland hergestelltes Konkurrenzprodukt
     im Minicomputerbereich. Pugh u. a. 1991, S. 445 und 639.

17   Voelcker 1988.

18   Dafür diente das 1963 angekündigte »IBM 1050 data communica-
     tions system«. Es bestand im Kern aus einem Drucker mit einer
     Tastatur. IBM 1050 war über ein Modem an eine Telefonleitung
     angeschlossen und konnte im half-duplex-Modus entweder emp-
     fangen oder senden. Vgl. Campbell-Kelly 1988, S. 224.

19   Gorn 1966.

20   »Gewöhnliche Telefone« war ein Ausdruck, der die Nutzer-Com-

puter-Interaktion auf Distanz verharmlosen sollte. Siehe etwa Marill u. a. 1963, S. 622. Bei Haanstra u. a. 1983 (1961) kommt der Begriff »communication« vor allem in Verbindung mit dem Begriff »console« vor, während »transmission« im Sinne von »transmission checking« bei »Input / Output Control Systems« vorkommt. Von »Tele-Processing« Anwendungen heißt es, sie müssten in ein zentralisiertes Datenverarbeitungszentrum integriert werden.

21 Die Unübersichtlichkeit war um 1970 offenbar so groß, dass man Betriebssysteme mit Hilfe einer formalen Beschreibung klassifizierbar zu machen versuchte. Siehe Katzan 1970. Bei CDC half man sich mit einem Baumdiagramm und einer kommentierten Tabelle. CDC 1976.

22 Poole und Waite 1969, S. 22.

23 Brandon 1968.

24 Dijkstra 1968.

25 Anonym 1968.

26 Poole und Waite 1969.

27 Die alternative Reaktion auf IBM System/360 bestand darin, den von IBM geschaffenen Kompatibilitätsbruch auszunutzen. Honeywell machte ein Angebot, das mit den von System/360 nicht mehr unterstützten IBM-Rechnern kompatibel war. Nach der Einführung von IBM System/370 konnte Honeywell seine eigenständige Entwicklung weiterführen, während für RCA das Ende der eigenen Computerherstellung gekommen war. Dazu ausführlich Gandy 2014.

28 RCA 1965. http://www.computerhistory.org/brochures/full_record.php?iid=doc-4372956eb9810

29 Zetti 2014, S. 17–53 zum ultimativen RCA Videorecorder.

30 Humphrey 2002, S. 59.

31 Humphrey 2002, S. 61.

32 Wijngaarden u. a. 1969, S. 79–80. »Minority report« im *Algol Bulletin* 31, März 1970, http://archive.computerhistory.org/resources/text/algol/algol_bulletin/A31/P111.HTM

33 Campbell-Kelly u. a. 2014, S. 178–182. Kritisch dagegen Haigh 2010.

34 Wijngaarden u. a. 1969, S. 79. »Minority report« im *Algol Bulletin* 31,

März 1970, http://archive.computerhistory.org/resources/text/al
gol/algol_bulletin/A31/P111.HTM, S. 7.

35   Haigh 2010, S. 5.

36   Vgl. Gugerli 2005.

37   Dijkstra 1972.

38   Dijkstra 1972, S. 859–860.

39   Dijkstra 1970. Strukturiertes Programmieren setzte auf die Eintei-
      lung von Programmen in einzelne, gut überprüfbare Sequenzen
      mit klaren Ein- und Ausgabepunkten. Das erleichterte die Fehler-
      suche in Programmen und ihre Beurteilbarkeit.

40   Bienek und Kreibich 1970, S. 416.

41   Kneipp 1880; Kneipp 1889.

42   Bienek und Kreibich 1970, S. 417.

43   Zum Wachstum des Kur- und Hotelgeschäfts in Bad Wörishofen
      vgl. Burghardt u. a. 1967, S. 141–144.

44   Bienek und Kreibich 1970, S. 417.

45   Bienek und Kreibich 1970, S. 417.

46   Bienek und Kreibich 1970, S. 417. Kartenlocher gehörten zum
      wohletablierten Arsenal klein- und mittelständischer Betriebsver-
      waltungen. Aikele 1962; Haake 1965; Stubenrecht 1960; Zentral-
      institut für Information und Dokumentation 1967. Das Manual zur
      »IBM Card Punch 29« Maschine erschien im Juni 1970 bereits in der
      siebten Auflage. IBM 1970.

47   Bienek und Kreibich 1970, S. 418.

48   Bienek und Kreibich 1970, S. 421.

49   Alles was wir über Ubisco wissen, stützt sich auf den 35 Jahre nach
      Projektende publizierten Insiderbericht in Neukom 2009. Hans
      Neukom durfte dafür zwar Akten im Archiv der heutigen UBS
      einsehen, daraus aber weder Dokumententitel noch Namen oder
      Zahlen zitieren.

50   CDC 1968.

51   So hatte die Schweizerische Kreditanstalt soeben die neuesten IBM
      System/370 Maschinen angeschafft und ein Information Manage-
      ment System an den Start gebracht. Dies bestärkte die Bankgesell-
      schaft in ihrer Einschätzung, dass sie ihre Transaktionen voll-
      umfänglich in den digitalen Raum verlagern sollte. Dabei durfte

das zukünftige SBG-System auf gar keinen Fall hinter der Konkurrenz zurückbleiben. Gugerli 2010.

52   CDC, Control data 3200 Computer System/Real Time Applications 1963. http://archive.computerhistory.org/resources/text/CDC/ CDC.3200.1963.102646086.pdf. Mit dem Schlagwort »real-time« hatte CDC schon 1963 Werbung gemacht.

53   Neukom 2009, S. 32.

54   Das TOOS wurde bei CDC nahe an jenem Zodiac genannten Betriebssystem entwickelt, das für das Worldwide Military Command and Control System der US Air Force entwickelt worden war. Vgl. Laccabue 2009 sowie CDC 1968. Es konnte zwei leistungsstarke CDC 6000-Rechner über einen großen Zentralspeicher miteinander verbinden und große Datenbestände verarbeiten.

55   Jedenfalls wurden beide Systeme in den späten 1970er Jahren zu erfolgreichen CDC-Produkten weiterentwickelt. Neukom 2009, S. 33.

56   Ubisco-Broschüre, SBG, Zürich 1973, zit. nach Neukom 2009, S. 37.

57   Fast zeitgleich kämpfte ein Projekt der schweizerischen PTT damit, das Modell einer 1972 erfolgreich geprüften rechnergestützten Vermittlungszentrale auf das ganze Telefonnetz zu übertragen. Das Projekt »Integriertes Fernmeldesystem« wurde 1983 nahezu ergebnislos abgebrochen und scheiterte damit ebenfalls am scaling-up. Gugerli 2002a.

58   Brooks 1995, S. 274–275; Abdel-Hamid und Madnick 1991. Zu den Gründen für das Scheitern von Softwareprojekten vgl. auch Charette 2005.

59   Neukom 2009, S. 34.

60   Gugerli 2010.

61   Rogge 1997, S. 268–271.

62   Ich stütze mich im Folgenden auf eigene Arbeiten in Gugerli 2007b und Gugerli 2009b, vor allem aber auf die Untersuchungen von Hannes Mangold 2017. Vgl. auch Bergien 2017.

63   Bundesinnenminister 1970, S. 20, zit. nach Mangold 2017, S. 85.

64   Herold 1968a; Herold 1968b; Herold 1968c; Herold 1970.

65   So etwa im Spiegel: 1971, S. 53.

66   Mangold 2017, S. 145.

67   *Der Spiegel* Nr. 44, 23. Oktober 1972, S. 65–68.

68   Anonym 1975. Gugerli 2007b, S. 176.

69   *Der Spiegel* Nr. 11, 13. März 1978, S. 22–27.

70   Enzensberger 1979.

71   Denninger 1990.

72   Herold 1985; Simon und Taeger 1981; Wanner 1985.

73   Bölsche 1979.

74   Siebrecht 1995.

6 Verbinden, Abgrenzen und Speichern

1   Grundsätzliche Überlegungen zur Verdichtung des »Binnenver-
      kehrs« in Rechnern bei Batcher 1968; zu den Gestaltungsmöglich-
      keiten für einen intensivierten »grenzüberschreitenden Verkehr«
      siehe Kaplan 1968.

2   Zum Verhältnis von Verbindung und Trennung ausführlich Spren-
      ger 2015.

3   ACM 1971.

4   Dazu auch ARPA 1970; Roberts und Wessler 1970 und Kahn 1972.

5   Auwaerter 1970, S. 34.

6   Auwaerter 1970, S. 35.

7   Auwaerter 1970, S. 42.

8   Redmond und Smith 2000; Edwards 1996.

9   Auwaerter 1970, S. 42.

10   An »Visionen«, die sich bei jeder Gelegenheit aktualisieren lie-
      ßen, fehlte es hingegen nicht. J. C. R. Lickliders Artikel über die
      Mensch-Computer-Symbiose von 1960 diente über Jahrzehnte
      hinweg, meist ohne expliziten Verweis, als Legitimations- und
      Argumentationsquelle. Licklider 1960.

11   Die Erwartungen an eine Informationstechnologie waren bereits
      formuliert. Siehe Tomeski 1970; Whisler 1970.

12   Sackman 1968, S. 93.

13   ACM 1971. Bereits im Jahr zuvor hatte der Verein eine rekordver-
      dächtige Zahl von Artikeln publiziert, die sich mit Zukunftsfragen
      beschäftigten. ACM-Artikel mit »future« im Titel oder Abstract

hatten 1968 ein vorläufiges Zwischenhoch erreicht: 1965: 12, 1966: 16, 1967: 17, 1968:30, 1969: 22; 1970:13.

14 Sie dürften damals an diesem publizistisch hoffnungslosen Ort nur wenig Resonanz erhalten haben. Die Zeitschrift *Science and Technology for the Technical Men in Management* ist nur 1968 und 1969 erschienen und war ein gescheiterter Versuch, die 1967 eingestellte Zeitschrift *International Science and Technology* zu reanimieren. Der Aufsatz von Licklider, Taylor und Herbert wurde 1990, also gute zwei Jahrzehnte später, von Taylor als digitaler Reprint wiederveröffentlicht (Licklider und Taylor 1990) und machte als heiliger Text der Mediengeschichte Karriere, vgl. Waldrop und Licklider 2002; Mayer 2003b; Norman 2005.

15 National Research Council 1999, S. 98; Hauben 2001.

16 Manche von Lickliders Aufsätzen lassen sich anhand der Titel nur schwer unterscheiden. Vgl. folgende Titel: Man-computer symbiosis (1960), On-line man-computer communication (1962), Man-computer communication (1968), The Computer as a Communication Device (1968). Licklider 1960; Licklider 1968; Licklider und Clark 1962; Licklider u. a. 1968. Oder die in Licklider 1968 aufgeführten Publikationen aus dem Jahr 1967: Dynamic modeling (1967), Interactive dynamic modeling (1967) und Interactive information processing (1967). Licklider 1967a; Licklider 1967b; Licklider 1967c.

17 Abbate 1999, S. 123–127 und S. 133–140.

18 Licklider u. a. 1968, S. 23.

19 Licklider u. a. 1968, S. 22. Siehe auch Dennis 1968, S. 372. Zu Lickliders Vertrautheit mit der Gestaltpsychologie von Wolfgang Köhler siehe den Hinweis bei Pratschke 2011, S. 280.

20 Cowlishaw 1990, S. 8. Dieses Prinzip der ästhetisch-mechanischen Betriebssicherheit wurde dann verletzt, wenn Systeme *ad hoc* zusammengeschustert oder zusammengestöpselt wurden. Bei IBM wurde das »to cable together« genannt, in Anlehnung an »to cobble together« (zusammenschustern). Cowlishaw 1990, S. 11.

21 Fano 1967, S. 35. Aus der Betreiberperspektive von Rechenzentren mit Time-Sharing-Bedürfnissen war die Nutzung bestehender Telefonleitungen insbesondere mit einem gewissen Erziehungsauf-

wand gegenüber den Telefongesellschaften verbunden: Steadman und Sugar 1968, S. 23.

22   Eine große Ausnahme bilden die militärtechnischen Forschungs-arbeiten der RAND unter der Leitung von Paul Baran. Baran und Boehm untersuchten nicht nur die Möglichkeit von *Packet Switching*, sondern simulierten auch im Rechner unterschiedliche Netzwerk-topologien. Vgl. Baran und Boehm 1964.

23   Fontanellaz 1964; Neu und Kündig 1968. Dazu auch Gugerli 2002b.

24   Bächi 2002.

25   Georgii 1966. Campbell-Kelly 1988. Immerhin hatten sie die Her-ausforderung erkannt. »Fast alle PTT-Verwaltungen setzen sich mit dem Problem der Datenübertragung auf ihren Netzen aus-einander«, berichteten die *Technischen Mitteilungen der Schweizerischen PTT* schon 1964. Fontanellaz 1964, S. 429.

26   Davies und Barber 1973; Fraser 1972; Gold und Selwyn 1968.

27   Ich stütze mich im Folgenden auf Campbell-Kelly und Garcia-Swartz 2005 und Abbate 1999.

28   Campbell-Kelly und Garcia-Swartz 2005, S. 31.

29   Campbell-Kelly und Garcia-Swartz 2005, S. 14 nennen Firmen wie *Automatic Data Processing Inc*, CSC, EDS, *Keydata* und *University Computing*.

30   Campbell-Kelly und Garcia-Swartz 2005, S. 18.

31   Chretien u. a. 1973.

32   SWIFT verwendete dafür ein von Bolt Beranek and Newman (BBN) entwickeltes *packet switching system*. Zur Entwicklung von SWIFT siehe Scott u. a. 2008.

33   Mendicino 1972, S. 95.

34   Verwaltungs- und informationstechnisch ist das Protokoll das der Papyrusrolle vorgeklebte Blatt, das den Verwendungszweck oder Gegenstand des Textes angibt (von *protocollum*).

35   So Cowlishaw 1990, S. 43.

36   Bhushan und Stotz 1968, S. 95. Für Lehrzwecke wurde die Analo-gie des diplomatischen und des computertechnischen Protokolls durchaus genutzt, so etwa in Miller 1981.

37   »Getting equipment from multiple vendors to communicate is the stuff bad dreams are made of, but TCP/IP provides one possible

solution«, hielt David Forsberg in einem Artikel der Network World vom 27. August 1990 fest. Der Artikel war mit »The interconnectivity nightmare« überschrieben. Forsberg 1990, S. 42.

38 Campbell-Kelly und Garcia-Swartz 2005, S. 22.

39 International Telegraph and Telephone Consultative Committee 1977. Campbell-Kelly und Garcia-Swartz 2005, S. 23.

40 Campbell-Kelly und Garcia-Swartz 2005, S. 26–28. Abbate 1999, S. 168.

41 Abbate 1999, S. 171–172. Tillman und Yen vertraten noch 1990 ganz unerschrocken die Erwartung, dass das OSI-Modell IBM dazu zwingen werde, ihre proprietäre Systems Network Architecture (SNA) an OSI anzupassen. Tillman und Yen 1990, S. 214. TCP/IP interessierte sie nur am Rande und im Hinblick darauf, wie man »von dort nach hier«, also von der TCP/IP-Welt in die SNA-Welt kam. Das hatten bereits Lew und Jong 1988 erklärt.

42 CCITT 1984; Deasington 1985.

43 Andrew S. Tanenbaums Lehrbuch über Computernetzwerke setzte auch in der zweiten Ausgabe von 1989 noch ganz auf das OSI-Modell. Das Standardwerk musste darum in der dritten Auflage völlig revidiert werden: OSI sei zu spät gekommen, es sei schlecht konzipiert und zu stark am IBM-Modell orientiert gewesen, hieß es in der dritten Auflage. Tanenbaum 1997, S. 55–60. Vgl. auch Kerner und Bruckner 1989.

44 Roberts und Wessler 1970, Cerf und Kahn 1974; Metcalfe und Boggs 1976; Roberts 1978.

45 Cerf und Cain 1983.

46 Abbate 1999, S. 123 verweist auf die enge Zusammenarbeit zwischen ARPA-Projekten, den Netzwerkprojekten des britischen National Physics Laboratory und den französischen Forschungen zum Cyclades-Netzwerk.

47 Cerf und Cain 1983, S. 311.

48 Abbate 1999, S. 130.

49 Das wird durch nichts besser illustriert als durch die virtuellen Konferenzen, mit denen zahlreiche Protokolle der Internetprotokollfamilie entwickelt worden sind. Die request for comments (RFC) war eine hochverdichtete und schnelle Kooperationsform, die die

Mitglieder einer Projektgruppe auf verbindliche Weise miteinander verband. King u. a. 1997, S. 8–13.

50 MITS 1975, S. 25.

51 In den 1920er Jahren war das Radiobasteln mit dem Argument erhöhter Heimbindung der Jugendlichen zur salonfähigen Beschäftigung erklärt worden. Vgl. Boddy 2004, S. 27–28.

52 Roberts und Yates 1975a; Roberts und Yates 1975b.

53 Die Geschichte und der dazugehörige Code wurden im Mai 1975 in der in Menlo Park erscheinenden Zeitschrift *People's Computer Company*, Band 3, S. 8–9 erstmals veröffentlicht und in Dompier 1976 (1975) nochmals, allerdings ohne Abbildungen, gedruckt.

54 Dazu ausführlicher, aber undokumentierter: Levy 2010, Kapitel 10.

55 An der Universität Pennsylvania brachte derweil ein Büroautomationsprojekt der Gruppe um David Ness eine ebenfalls DAISY genannte Blüte hervor, die als Akronym für *Decision Aiding Information System* zu lesen war. Morgan 1976, S. 607.

56 Raskin 1976.

57 Dompier 1976 (1975) gibt den im Mai 1975 erstmals publizierten Code für *The Fool on the Hill* für Altair 8800 und Transistorradio wieder.

58 Für eine kritische Diskussion von Friedrich Kittlers pauschaler These, dass Unterhaltungselektronik ihren Ursprung im »Missbrauch von Heeresgerät« hatte, muss Claus Pias die Zweckentfremdung generalisieren. Pias 2015, S. 39–41. Man könnte auch die Ansicht vertreten, die Kids der Bastlerszene hätten nicht die Zweckentfremdung kultiviert, sondern Generalisierung zelebriert.

59 Zu den Rollen, die Paul Allan, Monte Davidoff, Bill Gates, John Kemeny, Thomas Kurtz, Ed Roberts, Steve Russell, das Dartmouth College, die *Digital Equipment Corporation*, Honeywell, die Harvard University, die University of Washington, C-Cubed, Traf-O-Data sowie verschiedene PDP-10 Rechner allein für die Entwicklung des *Altair BASIC interpreters* spielten, siehe Hey und Pápay 2015, S. 143–147.

60 Green 1975.

61 Gray 1976, S. 238–239.

62 Gray 1976, S. 239.

63   Warren 1977, S. 493.

64   Warren 1977, S. 495.

65   Warren 1977, S. 495.

66   Kay u. a. 1978, S. 29.

67   Isaacson u. a. 1978, S. 46.

68   *The Oregon Report on Computing* ging auf eine Konferenz zurück, die
      vom 20. bis 22. März 1978 in Portland, Oregon, stattfand. Isaacson
      u. a. 1978.

69   Isaacson 1978.

70   Isaacson u. a. 1978, S. 50.

71   Landau 1979.

72   Morgan 1976, S. 605.

73   Weiderman 1979.

74   Isaacson u. a. 1978, S. 46.

75   »What is a personal computer?« Holden 1979, S. 3.

76   Peter J. Schuyten, »Home Computer: Demand Lags«, *The New York
      Times*, 7. Juni 1979, S. D2.

77   Big I.B.M.'s Little Computer, *The New York Times*, 13. August 1981.

78   Product fact sheet (1981) https://www-03.ibm.com/ibm/history/
      exhibits/pc25/pc25_fact.html (Zugriff am 5. Juni 2017).

79   Goldstein und Goldstein 1982; Henk 1983; Trost und Dederichs
      1983. Ein Vorläufer des Personal Computer von IBM war der 1975
      angebotene IBM 5100 Portable Computer – mit 50 Pfund Lebend-
      gewicht war er von beschränkter »Tragbarkeit«. https://www-03.
      ibm.com/ibm/history/exhibits/pc/pc_2.html – Zugriff am 5. Juni
      2017. Vgl. auch Katzan 1977. Die auf professionelle Textverarbeitung
      ausgerichtete IBM 5520 von 1979 wog nochmals mehr, konnte aber
      zwölf Drucker ansteuern und 18 Bildschirme bedienen. Dazu pass-
      te der IBM 6670 Informationsverteiler. Vgl. https://www-03.ibm.
      com/ibm/history/exhibits/pc/pc_5.html – Zugriff am 5. Juni 2017.

80   Gotwals 1983, als Antwort auf Brannstrom 1982.

81   Ich folge hier Daniel T. Rodgers' Einschätzung der Reagan-Ära als
      einem »Age of Fracture«, das – wie der Thatcherismus – individuel-
      le Auswahlmöglichkeiten und individuelle Konfiguration (der Ver-
      mögenden) zum politischen Programm gemacht hatte. Rodgers
      2011.

82 Zum Big-Brother-Werbefilm von Ridley Scott vgl. Scott 1991. Die folgende Skizze der Macintosh-Anzeige übernehme ich mit leichten Anpassungen von Gugerli und Mangold 2016, S. 157–158.

83 http://www.computerhistory.org/revolution/personal-compu ters/17/303/1201

84 http://www.computerhistory.org/revolution/personal-compu ters/17/303/1201

85 Vgl. http://www.youtube.com/watch?v=j2fURxbdIZs – Remington-Rand Presents the UNIVAC. Siehe auch Eckert u. a. 1951.

86 Eine Geschichte der Kartei findet sich bei Krajewski 2002; zur Karteiarbeit bei der Polizei vgl. Kaleth 1961, im Detailhandel Dalheimer 1962. Den Weg der Karteikarte von den Geisteswissenschaften zu IBM und zurück zeigt Jones 2016.

87 Eckert u. a. 1951, S. 11.

88 Babbage 1982 (1837).

89 Eckert u. a. 1951, S. 12.

90 Der *temporary storage* wurde – unter ständiger Verdichtung und Kapazitätserweiterung – in den Rechner hineinverlegt und salonfähig gemacht, manchmal sogar als *disk memory* nobilitiert. In ihm speicherte man bald viel mehr als nur Zwischenresultate. Schon Mitte der 1950er Jahre verschwanden die riesigen Laufzeitspeicher mit ihren Quecksilberröhren. Leicht adressierbare Magnetkernspeicher oder Trommelspeicher bildeten nun das *memory*, während Festplattenspeicher jene Dinge aufnahmen, die beim UNIVAC im *temporary storage* auf Magnetband zwischengelagert worden waren. Zur Entwicklung »magnetischer Aufzeichnungsspeicher« (*Magnetic Recording Storage*) bis Mitte der 1970er Jahre vgl. Hoagland 1976. Hoagland betont, wenn auch nur in einer Fußnote, dass es keinen klaren Bedeutungsunterschied zwischen *memory* und *storage* gebe, außer ihrer relativen Nähe zum Prozessor. Hoagland 1976, S. 1283.

91 Vgl. Brown und Ridenour 1953; Ridenour 1955. Eine besonders konventionelle, aber wohlinformierte Speichergeschichte findet man bei Gerecke und Poschke 2010. Erst 2005 kam man auf die Idee, Moore's Law auch für Speichermedien zu formulieren. Was dabei herauskam, hieß Kryder's Law. Es hatte offenbar über Jahr-

zehnte hinweg gehalten und musste gleich nach seiner Formulierung außer Kraft gesetzt werden. Dazu Rosenthal u. a. 2012.

92   Bachman und Williams 1964, S. 413. Haigh 2007.

93   Bachman und Williams 1964, S. 411.

94   Zur Geschichte der Palette siehe Dommann 2009.

95   Bachman und Williams 1964, S. 415.

96   Codd 1970. Die Darstellung dieses zweiten fundamentalen Ver-
      änderungsschubs in der Geschichte rechnergestützter Datenbank-
      systeme rezykliert und komprimiert einen Abschnitt aus Gugerli
      2007a.

97   Codd 1970, S. 377.

98   Codd 1970, S. 377.

99   Everest 1974.

100   Bachman 1973.

101   Codd und Date 1975.

102   Date und Codd 1975, S. 95.

103   Codd 1970, Codd 1971a, Codd 1971b, Astrahan und Chamberlin
      1975, S. 580.

104   Astrahan und Chamberlin 1975, S. 580.

105   Everest 1974, Codd und Date 1975, Date und Codd 1975, Sibley 1975.
      Haigh 2006.

106   Die Darstellung stützt sich auf Chamberlin u. a. 1981.

107   Astrahan und Chamberlin 1975, S. 580–588.

108   Chamberlin u. a. 1981, S. 636.

109   Chamberlin u. a. 1981, S. 636. Zur Nutzerorientierung bei IBM vgl.
      Cowlishaw 1990b, S. 57.

110   Chamberlin u. a. 1981, S. 633.

111   Johnson 1975 zum IBM3850. Zum Design des *Mass Storage System*
      siehe bereits Penny u. a. 1970.

112   Hoagland 1976 organisiert seinen knappen Überblick von 1976 an
      der magnetischen Aufzeichnungstechnik der Speicher. Eine nach
      Zugriffszeit und Kapazität sortierte Speicherlandschaft findet sich
      bei Söll und Kirchner 1978. Einen Überblick über »Floppy-Disk-
      Laufwerke und Disketten, Festplatten-Laufwerke, Wechselplatten,
      Optische Speicher und Bandlaufwerke« geben Daniels u. a. 1987.

113   Walker 1987. Akscyn u. a. 1987.

114   Nelson 1967.
115   Raskin 1987, S. 325.
116   Nelson 1987 [1967].
117   ACM 1987.
118   Conklin 1987, 33.
119   Conklin 1987, S. 17 und 21.
120   Raskin 1987, S. 327.
121   Berners-Lee 1989/1990.
122   Berners-Lee 1989/1990, S. 5.
123   Berners-Lee 1989/1990, S. 11.
124   Zur wissenschaftsgeschichtlichen Entwicklung des CERN vgl. Krige 1996.
125   Noll und Scacchi 1991.
126   Berners-Lee u. a. 1996.
127   Berners-Lee 1989/1990, S. 4.

7 Ausschalten

1   Zum programmgestützten Programmhandel vgl. Katzenbach 1987;
    zum damit verbundenen Börsencrash Carlson 2006.
2   Vgl. Kephart und Chess 2003, S. 41.

\\ Bibliographie

Abbate, Janet 1999: *Inventing the Internet*, Cambridge MA.

Abdel-Hamid, Tarek K. und Stuart E. Madnick 1991: *Software Project Dynamics. An Integrated Approach*, Prentice-Hall Software Series, Englewood Cliffs NJ.

ACM (Hg.) 1971: *Computers and Crisis. How Computers are Shaping our Future*, New York NY.

ACM 1987: Proceedings of the ACM Conference on Hypertext, Chapel Hill NC.

Adams, W. I. und P. R. Federico 1964: Cadfiss Test System. Computation and Data Flow Integrated Subsystem Tests, Proceedings of the 1964 19th ACM National Conference, S. 12301–12307.

Aikele, Erwin 1962: *Betriebsabrechnung mit IBM-Lochkarten*, Darmstadt.

Aiken, Howard 1975 (1937): Proposed Automatic Calculating Machine, in: Randell, Brian (Hg.): *The Origins of Digital Computers. Selected Papers*, Berlin, Heidelberg, New York NY, S. 195–201.

Akscyn, Robert u. a. 1987: KMS. A Distributed Hypermedia System for Managing Knowledge in Organizations, Proceedings of the ACM Conference on Hypertext, Chapel Hill NC, S. 1–20.

Amsler, Jakob 1856: *Über die mechanische Bestimmung des Flächeninhaltes, der statischen Momente und der Trägheitsmomente ebener Figuren, insbesondere über einen neuen Planimeter*, Schaffhausen.

Amsler, Robert und Theodor H. Erismann 1993: Jakob Amsler-Laffon (1823–1912), Alfred Amsler (1857–1940). Pioniere der Prüfung und Präzision, in: *Schweizer Pioniere der Wirtschaft und Technik*, 58, Meilen.

Anonym 1964: A panel Discussion on Time-Sharing, in: *Datamation*, 10 (11), S. 38–44.

Anonym 1968: Thousands Wept. The End of OS, in: *Datamation*, 14 (4), S. 72.

Anonym 1971: Kommissar Computer, in: *Der Spiegel* (27), S. 53.

Anonym 1975: Das Informationssystem PIOS, in: *Inpolnachrichten* (12), S. 1–3.

ARPA 1970: *Resource Sharing Computer Networks (Collection of Papers Presented at Spring Joint Computer Conference, Atlantic City NJ, May 1970)*, Washington D. C.

Aspray, William 1994: The History of Computing within the History of Information Technology, in: *History and Technology*, 11, S. 7–19.

Astrahan, Morton M. und Donald D. Chamberlin 1975: Implementation of a Structured English Query Language, in: *Communications of the ACM*, 18 (10), S. 580–588.

Austrian, Geoffrey D. 1982: *Herman Hollerith. Forgotten Giant of Information Processing*, New York NY.

Auwaerter, John 1970: Challenges of the Seventies, Proceedings of the 1970 25th Annual Conference on Computers and Crisis. How Computers are Shaping our Future, S. 34–43.

Babbage, Charles 1982 (1837): On the Mathematical Powers of the Calculating Engine, in: Randell, Brian (Hg.): *The Origins of Digital Computers. Texts and Monographs in Computer Science*, Berlin, Heidelberg, S. 19–54.

Bächi, Beat 2002: *Kommunikationstechnologischer und sozialer Wandel: »Der schweizerische Weg zur digitalen Kommunikation«* (1960–1985), 16, Zürich.

Bachman, C. W. und S. B. Williams 1964: *A General Purpose Programming System for Random Access Memories*, Minneapolis MN.

Bachman, Charles W. 1973: The Programmer as Navigator, in: *Communications of the ACM*, 16 (11), S. 653–658.

Baran, Paul und Sharla P. Boehm 1964: On Distributed Communications II. Digital Simulation of Hot-Potato Routing in a Broadband Distributed Communications Network, http://www.rand.org/pubs/research_memoranda/RM3103.html, Santa Monica CA.

Bashe, Charles J. 1999: Constructing the IBM ASCC (Harvard Mark I), in: Cohen, I. Bernard u. a. (Hg.): *Maikin' Numbers. Howard Aiken and the Computer*, Cambridge MA, London, S. 65–75.

Batcher, K. E. 1968: Sorting Networks and their Applications, Proceedings of the April 30–May 2, 1968, Spring Joint Computer Conference, Atlantic City NJ, S. 307–314.

Bauer, W. F. 1958: Computer Design from the Programmer's Viewpoint, Proceedings Eastern Joint Computer Conference, Philadelphia PA, 1958 Dec 3–5, S. 46–51.

Bell, Daniel 1967: Notes on the Post-Industrial Society I & II, in: *The Public Interest*, 6 und 7, S. 24–35 & 102–118.

Bell, Daniel 1973: *The Coming of Post-Industrial Society. A Venture in Social Forecasting*, New York NY.

Bemer, Robert W. 1957a: How to Consider a Computer, in: *Automatic Control Magazine* (März), S. 66–69.

Bemer, Robert W. 1957b: The Status of Automatic Programming for Scientific Computation, Proc. 4th Annual Computer Applications Symposium, Armour Research Foundation Oct 24–25, 1957, S. 107–126.

Bergien, Rüdiger 2017: »Big Data« als Vision. Computereinführung und Organisationswandel in BKA und Staatssicherheit (1967–1989), in: *Zeithistorische Forschungen / Studies in Contemporary History, Online-Ausgabe*, 14 (2), S. 258–285.

Berners-Lee, Tim 1989/1990: Information Management. A Proposal, http://www.w3.org/History/1989/proposal.html.

Berners-Lee, Tim u. a. 1996: Hypertext Transfer Protocol – HTTP / 1.0. Internet RFC 1945, May 1996, Request for Comments: 1945 http://www.ietf.org/rfc/rfc1945.txt

Bhola, S. K. u. a. 1968: Electronic Time-Division Multiplexing, in: *Electronic Engineering*, 40 (484), S. 298–299.

Bhushan, Abhay K. und Robert H. Stotz 1968: Procedures and Standards for Inter-Computer Communications, Proceedings of the April 30–May 2, 1968, Spring Joint Computer Conference, Atlantic City NJ, S. 95–104.

Bienek, Bernd und Volker Kreibich 1970: Planung und Aufbau eines Informationssystems im Kneippheilbad Wörishofen, in: *IBM Nachrichten*, 203, S. 416–421.

Boddy, William 2004: *New Media and Popular Imagination. Launching Radio, Television and Digital Media in the United States*, Oxford.

Bölsche, Jochen 1979: *Der Weg in den Überwachungsstaat. Mit neuen Dokumenten und Stellungnahmen von Gerhart Baum*, Reinbeck b. Hamburg.

Boulden, James B. und Elwood S. Buffa 1970: Corporate Models. On-Line, Real-Time Systems, in: *Harvard Business Review*, 48 (4), S. 65–83.

Boulding, Kenneth 1966: The Economics of the Coming Spaceship Earth, in: Jarrett, Henry (Hg.), *Environmental Quality in a Growing Economy*, Baltimore MD, S. 3–14.

Brandon, Dick H. 1968: The Problem in Perspective, Proceedings of the 1968 23rd ACM National Conference, S. 332–334.

Brannstrom, Arlin J. 1982: First Impressions of the IBM Personal Computer, in: NCCI *Staff Paper Series*, 4.

Brooks, Frederick P. 1995: *The Mythical Man-Month. Essays on Software Engineering*, Reading MA.

Brown, George W. und Louis N. Ridenour 1953: The Processing of Information-Containing Documents, Proceedings of the February 4–6, 1953, Western Computer Conference, Los Angeles CA, S. 80–85.

Bruderer, Herbert 2010: *Konrad Zuse und die ETH Zürich. Zum 100. Geburtstag des Informatikpioniers Konrad Zuse (22. Juni 2010)*, Technischer Bericht / Departement Informatik. Professur für Informationstechnologie und Ausbildung, Zürich.

Bruderer, Herbert 2015: *Meilensteine der Rechentechnik. Zur Geschichte der Mathematik und der Informatik*, Berlin, Boston MA.

Bundesinnenminister (Hg.) 1970: *Sofortprogramm zur Modernisierung und Intensivierung der Verbrechensbekämpfung*, Bonn.

Burghardt, Ludwig u. a. 1967: *Wörishofen. Beiträge zur Geschichte des Ortes. Zusammengestellt aus Anlass der 900. Wiederkehr seiner ersten urkundlichen Erwähnung im Jahre 1067*, Bad Wörishofen.

Cale, E. G. u. a. 1979: Price / Performance Patterns of U.S. Computer Systems, in: *Communications of the ACM*, 22 (4), S. 225–233.

Campbell-Kelly, Martin 1988: Data Communications at the National Physicals Laboratory 1965–1975, in: *Annals of the History of Computing*, 9, S. 221–247.

Campbell-Kelly, Martin 1998: Data Processing and Technological Change. The Post Office Savings Bank 1861–1930, in: *Technology and Culture*, 39 (1), S. 1–32.

Campbell-Kelly, Martin 2003: *From Airline Reservations to Sonic the Hedgehog. A History of the Software Industry*, Cambridge MA.

Campbell-Kelly, Martin u. a. 2014: *Computer. A History of the Information Machine*, New York NY.

Campbell-Kelly, Martin und Daniel D. Garcia-Swartz 2005: The History of the Internet. The Missing Narratives (Draft, SSRN), https://ssrn.com/abstract=867087.

Carlson, Mark 2006: A Brief History of the 1986 Stock Market Crash with a Discussion of the Federal Reserve Response, Finance and Economics Discussion Series. Divisions of Research & Statistics and Monetary Affairs, Washington D.C., S. 1–24.

CCITT 1984: *The X.25 Protocol and seven other Key CCITT Recommendations, X.1, X.2, X.3, X.21, X.21 bis, X.28, and X.29*, Belmont CA.

CDC, Control Data Coroporation 1976: CDC Operating System History, https://archive.org/details/bitsavers_cdccyberCDtoryMar76_319856.

CDC, Control Data Corporation 1968: Control Data 6400/6600 Computing Systems' Configurator, http://www.computerhistory.org/collections/catalog/102646143.

Cerf, V.G. und E. Cain 1983: The DoD Internet Architecture Model, in: *Computer Networks*, 7, S. 307–318.

Cerf, V.G. und R.E. Kahn 1974: A Protocol for Packet Network Interconnetion, in: *IEEE Trans. Comm. Tech.*, COM-22 (5), S. 627–641.

Certaine, J. 1958: On Sequences of Pseudo-Random Numbers of Maximal Length, in: *J. ACM*, 5 (4), S. 353–356.

Ceruzzi, Paul E. 2005: Moore's Law and Technological Determinism. Reflections on the History of Technology, in: *Technology and Culture. The International Quarterly of the Society for the History of Technology*, 46 (3), S. 584–593.

Chamberlin, Donald D. u.a. 1981: A History and Evaluation of System R, in: *Communications of the ACM*, 24 (10), S. 632–646.

Charette, Robert N. 2005: Why Software Fails, in: *IEEE Spectrum*, 42 (9), S. 42–49.

Chretien, G.J. u.a. 1973: The SITA Network, NATO Advanced Study Institute on Computer Communication Networks, Sussex.

Codd, Edgar F. 1970: A Relational Model of Data for Large Shared Data Banks, in: *Communications of the ACM*, 13 (6), S. 377–387.

Codd, Edgar F. 1971a: Relational Completeness of Data Base Sublanguages, in: Courant Computer Science Symposia (Hg.): *Data Base Systems*, Engelwood Cliffs NJ, S. 65–98.

Codd, Edgar F. 1971b: A Data Base Sublanguage Founded on the Relational Calculus, The 1971 ACM SIGFIDET Workshop, San Diego CA, S. 35–68.

Codd, Edgar F. und Christopher J. Date 1975: Interactive Support for Non-Programmers. The Relational and Network Approaches, Proceedings of the 1974 ACM SIGFIDET (now SIGMOD) Workshop on Data Description, Access and Control: Data models: Data-Structure-Set versus Relational, Ann Arbor, Michigan, May 01–03, S. 11–41.

Cohen, Bernard I. und William Aspray 2000: Howard Aiken and the Dawn of the Computer Age, in: Rojas, Raul und Ulf Hashagen (Hg.), *The First Computers. History and Architectures*, Cambridge MA, S. 107–120.

Conklin, Jeff 1987: Hypertext. An Introduction and Survey, in: IEEE *Computer* (September), S. 17–41.

Corbató, Fernando José 1964: Panel Discussion on Time Sharing, in: *Communications of the ACM*, 7 (7), S. 399.

Corbató, Fernando José u. a. 1962: *An Experimental Time-Sharing System*, New York NY, S. 335–344.

Corbató, Fernando José u. a. 1972: Multics. The First Seven Years, in: *Spring Joint Computer Conference*, S. 571–583.

Corbató, Fernando José und Victor A. Vyssotsky 1965: Introduction and Overview of the Multics System, Proceedings Fall Joint Computer Conference, S. 185–196.

Coveyou, R. R. 1960: Serial Correlation in the Generation of Pseudo-Random Numbers, in: ACM, 7 (1), S. 72–74.

Cowlishaw, Mike 1990: IBM *Jargon and General Computing Dictionary. Tenth Edition*, Winchester.

Crank, John 1947: *The Differential Analyser. With Diagrams and Photographs*, London et al.

Dalheimer, Karlheinz 1962: Fakturierung von Frischdienstlieferungen im Lebensmittelgroßhandel mit einer Lochkarten-Ziehkartei, in: IBM *Nachrichten*, 158, S. 1867–1871.

Daniels, Siegfried u. a. 1987: *Massenspeicher-Handbuch für Mikrocomputer alles über Floppy-Disk-Laufwerke u. Disketten, Festplatten-Laufwerke, opt. Speicher u. Bandlaufwerke*, Troisdorf.

Date, Christopher J. und Edgar. F. Codd 1975: The Relational and Network Approaches: Comparison of the Application Programming Interfaces, Proceedings of the 1974 ACM SIGFIDET (now SIGMOD) workshop on

Data description, access and control: Data models: Data-structure-set versus relational, Ann Arbor, Michigan, May 01–03, S. 83–113.

Davies, Donald Watts und Derek L. A. Barber 1973: *Communication Networks for Computers. Computing, and Information Processing*, London et al.

Dearden, John 1964: Can Management Information be Automated?, in: *Harvard Business Review*, 42 (2), S. 128–135.

Dearden, John 1965: How to Organize Information Systems, in: *Harvard Business Review*, 43 (2), S. 65–73.

Dearden, John 1972: MIS is a Mirage, in: *Harvard Business Review* (Januar–Februar), S. 90–99.

Deasington, Richard J. 1985: *X.25 Explained Protocols for Packet Switching Networks*, Ellis Horwood Series in Computer Communications and Networking, Chichester.

Denning, Peter J. 1971: Third Generation Computer Systems, in: *ACM Computing Surveys*, 3 (4).

Denninger, Erhard 1990: *Der gebändigte Leviathan*, Baden-Baden.

Dennis, Jack B. 1968: A Position Paper on Computing and Communications, in: *Commun. ACM*, 11 (5), S. 370–377.

Dijkstra, Edsger W. 1968: Letters to the Editor. Go to Statement Considered Harmful, in: *Communications of the ACM*, 11 (3), S. 147–148.

Dijkstra, Edsger W. 1970: *Notes on Structured Programming* (1969), Eindhoven.

Dijkstra, Edsger W. 1972: The Humble Programmer. 1972 ACM Turing Award Lecture, in: *Communications fo the ACM*, 15 (10), S. 859–866.

Dommann, Monika 2009: »Be Wise – Palletize«. Die Transformationen eines Transportbretts zwischen den USA und Europa im Zeitalter der Logistik, in: *Traverse*, 16 (3), S. 21–35.

Dompier, Steve 1976 (1975): Music of a Sort (reprint), in: *Dr. Dobb's Journal of computer Calisthenics & Orthodontia*, 1 (Februar 1976), S. 28.

Donegan, James J. u. a. 1964: Experiences with the Goddard computing System during Manned Spaceflight Missions, Proceedings of the 1964 19th ACM National Conference, S. 12101–12108.

Dover, Jerome J. 1954: A Centralized Data Processing System, Proceedings of the February 11–12, 1954, Western Computer Conference. Trends in Computers – Automatic Control and Data Processing, Los Angeles CA, S. 172–183.

Eckert, J. Presper u. a. 1945: Description of the ENIAC and Comments on Electronic Digital Computing Machines, Moore School of Electrical Engineering University of Pennsylvania.

Eckert, J. Presper u. a. 1951: The UNIVAC System, AIEE-IRE '51 Papers and Discussions Presented at the Dec. 10–12, 1951, Joint AIEE-IRE Computer Conference. Review of Electronic Digital Computers, New York NY, S. 6–16.

Edwards, Paul N. 1996: *The Closed World. Computers and the Politics of Discourse in Cold War America*, Cambridge MA, London.

Edwards, Paul N. 2000: The World in a Machine. Origins and Impacts of Early Computerized Global Systems Models, in: Hughes, Agatha C. und Thomas Parke Hughes (Hg.): *Systems, Experts, and Computers. The Systems Approach in Management and Engineering, World War II and after*, Cambridge MA, S. 221–254.

Egger, Josef 2013: *»Ein Wunderwerk der Technik«. Frühe Computernutzung in der Schweiz (1960–1980)*, Zürich.

Eldredge, K. R. u. a. 1957: Automatic Input for Business Data-Processing Systems, Papers and Discussions Presented at the December 10–12, 1956, Eastern Joint Computer Conference. New Developments in Computers, New York NY, S. 69–73.

Enzensberger, Hans Magnus 1979: Der Sonnenstaat des Doktor Herold, in: *Der Spiegel*, 25, S. 68–78.

ETH-Bibliothek 1968: *Automatisierung der ETH-Bibliothek. Planungsunterlagen Oktober 1968*, Zürich.

Everest, G. C. 1974: The Futures of Database Management, Proceedings of the 1974 ACM SIGFIDET (Now SIGMOD) Workshop on Data Description, Access and Control, Ann Arbor, Michigan, May 01–03, S. 445–462.

Fano, Robert M. 1967: The Computer Utility and the Community, in: *IEEE International convention record Part 12*, S. 30–34.

Fano, Robert M. und Fernando José Corbató 1966: Time-Sharing on Computers, in: *Scientific American*, 215 (3), S. 129–131.

Fontanellaz, Gustav 1964: Datenübertragung auf dem öffentlichen Fernmeldenetz, in: *Technische Mitteilungen PTT* (11), S. 429–434.

Forsberg, David 1990: The Interconnectivity Nightmare, in: *Network World* (August 27, 1990), S. 42, 46, 60, 61.

Fraser, A. G. 1972: On the Interface between Computers and Data Communications Systems, in: ACM, 15 (7), S. 566–573.

Frei, Norbert 2008: 1968. *Jugendrevolte und globaler Protest*, dtv premium, München.

Fuller, R. Buckminster 1969: *Operating Manual for Spaceship Earth*, New York NY.

Furger, Franco und Bettina Heintz 1997: Technologische Paradigmen und lokaler Kontext. Das Beispiel der ERMETH, in: *Schweizerische Zeitschrift für Soziologie*, 23 (3), S. 533–566.

Füssl, Wilhelm (Hg.) 2010: *100 Jahre Konrad Zuse. Einblicke in den Nachlass*, München.

Gandy, Anthony 2014: Product Strategy Choices. Honeywell and RCA Mainframe Computer Product Strategies 1963–71, in: *Business History*, 56 (3), S. 414–433.

Gass, Saul I. 1961: The Role of Digital Computers in Project Mercury, Proceedings of the December 12–14, 1961, Eastern Joint Computer Conference. Computers – Key to Total Systems Control, Washington D. C., S. 33–46.

Gates, C. R. und W. H. Pickering 1965: The Role of Computers in Space Exploration, Proceedings of the November 30–December 1, 1965, Fall Joint Computer Conference, Part II. Computers – Their Impact on Society, Las Vegas NV, S. 33–35.

Georgii, Eugen 1966: Neuzeitliche Vermittlungstechnik, in: *Technische Mitteilungen PTT*, 1966 (7), S. 197–209.

Gerecke, Kurt und Klemens Poschke 2010: *IBM System Storage-Kompendium. Die IBM Speichergeschichte von 1952 bis 2010*, Ehningen.

Girschik, Katja 2010: *Als die Kassen lesen lernten. Eine Technik- und Unternehmensgeschichte des Schweizer Einzelhandels 1950 bis 1975*, Bd. 22, München.

Glimm, James u. a. 1990: *The Legacy of John von Neumann*, Proceedings of Symposia in Pure Mathematics, Providence RI.

Gold, Michael M. und Lee L. Selwyn 1968: Real Time Computer Communications and the Public Interest, Proceedings of the December 9–11, 1968, Fall Joint Computer Conference, Part II, San Francisco CA, S. 1473–1478.

Goldstein, Larry Joel und Martin Goldstein 1982: *IBM Personal Computer. An Introduction to Programming and Applications*, Bowie MD.

Goldstine, H. H. und Adele Goldstine 1996 (1946): Electronic Numerical

Integrator and Computer (ENIAC), in: IEEE *Annals of the History of Computing*, 18 (15), S. 10–16.

Gorn, S. 1966: Recorded Magnetic Tape for Information Interchange (800 CPI, NRZI), in: ACM, 9 (4), S. 285–292.

Gosling, Francis G. 1994: *The Manhattan Project. Making the Atomic Bomb*, Washington D. C.

Gotwals, John K. 1983: Processing Power on the IBM Personal Computer, Proceedings of the 1983 ACM SIGSMALL Symposium on Personal and Small Computers, San Diego CA, S. 132–142.

Gray, George 2001: UNIVAC I. The First Mass-Produced Computer, in: *Unisys History Newsletter*, 5 (1).

Gray, Stephen B. 1976: Building Your Own Computer, Proceedings of the June 7–10, 1976, National Computer Conference and Exposition, New York NY, S. 235–239.

Green, Bert F. Jr. u. a. 1959: Empirical Tests of an Additive Random Number Generator, in: J. ACM, 6 (4), S. 527–537.

Green, Wayne 1975: From the publisher ... Are they real?, in: BYTE, 1 (2), S. 61, 81, 87.

Greenberger, Martin 1959: Random Number Generators, Preprints of Papers Presented at the 14th National Meeting of the Association for Computing Machinery, Cambridge MA, S. 1–3.

Greenberger, Martin 1966: The Priority Problem and Computer Time Sharing, in: *Management Science*, 12 (11), S. 888–906.

Greenberger, Martin 1961: Notes on a New Pseudo-Random Number Generator, in: J. ACM, 8 (2), S. 163–167.

Grosch, Herbert 1953: High Speed Arithmetic. The Digital Computer as a Research Tool, in: J. Opt. Soc. Amer. 43 (April), S. 306–310.

Gugerli, David 2002a: Die Entwicklung der digitalen Telefonie (1960–1985). Die Kosten soziotechnischer Flexibilisierungen, in: Stadelmann, Kurt u. a. (Hg.): *Telemagie. 150 Jahre Telekommunikation in der Schweiz*, Zürich, S. 154–167.

Gugerli, David 2002b: »Steiniger Weg ins digitale Zeitalter.«, *Neue Zürcher Zeitung*, S. 25.

Gugerli, David 2007a: Die Welt als Datenbank. Zur Relation von Softwareentwicklung, Abfragetechnik und Deutungsautonomie, in: *Nach Feierabend. Zürcher Jahrbuch für Wissensgeschichte*, 3, S. 11–36.

Gugerli, David 2007b: Vom Befehl zur Steuerung, von der Datei zum In-
dex. Horst Herold im Gespräch mit David Gugerli, in: *Nach Feierabend.
Zürcher Jahrbuch für Wissensgeschichte*, 3, S. 173–184.

Gugerli, David 2009a: Das Monster und die Schablone. Zur Logistik von
Daten um 1950, in: *Traverse*, 16 (3), S. 66–76.

Gugerli, David 2009b: Suchmaschinen. Die Welt als Datenbank, in: *Edition Unseld*, 19.

Gugerli, David 2010: Data Banking. Computing and Flexibility in Swiss
Banks 1960–90, in: Kyrtsis, Alexandros-Andreas (Hg.): *Financial Markets and Organizational Technologies. System Architectures, Practices and Risks
in the Era of Deregulation*, Houndmills, S. 117–136.

Gugerli, David 2012: Nach uns die Informationsflut. Zur Pathologisierung
soziotechnischen Wandels, in: *Nach Feierabend. Zürcher Jahrbuch für Wissensgeschichte*, 8, Zürich, Berlin, S. 141–147.

Gugerli, David 2005: Strategien der Informatisierung, in: Gugerli, David
u. a. (Hg.): *Die Zukunftsmaschine. Konjunkturen der ETH Zürich 1855–2005*,
Zürich, S. 347–362.

Gugerli, David und Hannes Mangold 2016: Diskussionsforum – Betriebssysteme und Computerfahndung. Zur Genese einer digitalen Über-
wachungskultur, in: *Geschichte und Gesellschaft*, 42 (1), S. 144–174.

Haake, Rolf 1965: *Einführung in die Informations- und Dokumentationstechnik
unter besonderer Berücksichtigung der Lochkarten*, ZIID-Schriftenreihe, Leipzig.

Haanstra, J. W. u. a. 1983 (1961): Processor Products-Final Report of the
SPREAD Task Group, December 28, 1961, in: *Annals of the History of
Computing*, 5 (1), S. 6–26.

Haigh, Thomas 2001: Inventing Information Systems. The Systems Men
and the Computer 1950–1968, in: *Business History Review*, 75 (Spring),
S. 15–61.

Haigh, Thomas 2006: Charles W. Bachman Interview: September 25–26,
2004; Tucson, Arizona. Interview conducted for the Special Interest
Group on the Management of Data (SIGMOD) of the Association for
Computing Machinery (ACM). Transcript and original tapes dona-
ted to the Charles Babbage Institute, in: *ACM Oral History interviews*,
S. 1–106.

Haigh, Thomas 2007: »A veritable Bucket of Facts«. Ursprünge des Datenbankmanagementsystems, in: *Nach Feierabend. Zürcher Jahrbuch für Wissensgeschichte*, 3, Zürich, Berlin, S. 57–98.

Haigh, Thomas 2010: Dijkstra's Crisis. The End of Algol and Beginning of Software Engineering 1968–72, http://www.tomandmaria.com/Tom/Writing/DijkstrasCrisis_LeidenDRAFT.pdf.

Hamlin, J. E. 1964: A General Description of the National Aeronautics and Space Administration Real Time Computing Complex, Proceedings of the 1964 19th ACM National Conference, S. 12201–122022.

Hauben, Ronda 2001: Die Entstehung des Internet und die Rolle der Regierung, in: Maresch, Rudolf und Florian Roetzer (Hg.): *Cyberhypes. Möglichkeiten und Grenzen des Internet*, Frankfurt am Main, S. 27–52.

Hausammann, Luzius 2008: *Der Beginn der Informatisierung im Kanton Zürich. Von der Lochkartenanlage im Strassenverkehrsamt zur kantonalen EDV-Stelle (1957–1970)*, Zürich.

Heide, Lars 2009: *Punched-Card Systems and the Early Information Explosion 1880–1945*, Baltimore MD.

Heintz, Bettina 1993: *Die Herrschaft der Regel. Zur Grundlagengeschichte des Computers*, Frankfurt et al.

Henk, Martin 1983: *Der IBM-Personal Computer (beantwortet alle Fragen über Aufbau, Einsatz und Programmierung, Software und Hardwareerweiterungen)*, Computer persönlich, München.

Herken, Rolf 1988: *The Universal Turing Machine. A Half-Century Survey*, Oxford et al.

Herold, Horst 1968a: Die elektronische Datenverarbeitung. Möglichkeiten ihres Einsatzes für die Kriminalstatistik, bei der Gefahrenabwehr und der Erforschung des Sachverhalts. in: Polizei-Institut Hiltrup (Hg.): *19. Arbeitstagung für Kriminalistik und Kriminologie*, Hiltrup.

Herold, Horst 1968b: Kriminalgeographie – Ermittlung und Untersuchung der Beziehungen zwischen Raum und Kriminalität, in: Schäfer, Herbert (Hg.): *Kriminalistische Akzente*, 4, Hamburg, S. 1–47.

Herold, Horst 1968c: Organisatorische Grundzüge der elektronischen Datenverarbeitung im Bereich der Polizei. Versuch eines Zukunftsmodells, in: *Taschenbuch für Kriminalisten*, 18, S. 240–254.

Herold, Horst 1970: Kybernetik und Polizei-Organisation, in: *Die Polizei. Zentralorgan für das Sicherheits- und Ordnungswesen, Polizei-Wissenschaft, -Recht, -Praxis*, 61 (2), S. 33–37.

Herold, Horst 1985: Rasterfahndung. Eine computerunterstützte Fahndungsform der Polizei, in: *Recht und Politik. Vierteljahreshefte für Rechts- und Verwaltungspolitik*, S. 84–97.

Hey, Anthony J. G. und Gyuri Pápay 2015: *The Computing Universe. A Journey Through a Revolution*, New York NY.

Hirzel, H. und K. Käfer 1943: *Einführung in das berufliche Rechnen für Schreiner*, Zürich.

Hoagland, Albert S. 1976: Magnet Recording Storage, in: *IEEE Transactions on Computer*, 25 (12), S. 1283–1288.

Holden, Willard 1979: *What is a Personal Computer?*, SIGPC '79 Editor's Message, 2, New York NY.

Hopper, Grace Murray 1952: The Education of a Computer, Proceedings of the 1952 ACM National Meeting (Pittsburgh), Pittsburgh PA, S. 243–249.

Humphrey, W. S. 2002: Software Unbundling. A Personal Perspective, in: *IEEE Annals of the History of Computing*, 24 (1), S. 59–63.

Hutchinson, Lee 2012: Going Boldly. Behind the Scenes at NASA's Hallowed Mission Control Center. Apollo vet Sy Liebergot shows Ars how NASA got Men safely to the Moon and back, Ars Technica.

IBM 1970: *Reference Manual IBM 29 Card Punch*, Poughkeepsie NY.

International Telegraph and Telephone Consultative Committee 1977: *Orange Book*, Geneva.

Isaacson, Portia 1978: Personal Computing Position Paper, in: *SIGPC Note*, 1 (2), S. 5–9.

Isaacson, Portia u. a. 1978: Personal Computing. Problems of the 80's, in: *SIGPC Note*, 1 (3), S. 46–55.

James, S. E. 1981: Evolution of Real-Time Computer Systems for Manned Spaceflight, in: *IBM J. Res. Dev.*, 25 (5), S. 417–428.

Jensen, John 1967: *How to Pass Computer Programmer Aptitude Tests*, New York NY.

John W. Carr, III 1952: Progress of the Whirlwind Computer Towards an Automatic Programming Procedure, Proceedings of the 1952 ACM National Meeting (Pittsburgh), Pittsburgh PA, S. 237–241.

Johnson, Clayton 1975: IBM 3850. Mass Storage System, Proceedings of the May 19–22, 1975, National Computer Conference and Exposition, Anaheim CA, S. 509–514.

Johnson, L. R. 1952: Installation of a Large Electronic Computer, Proceedings of the 1952 ACM meeting (Toronto), New York NY, S. 77–80.

Johnstone, J. L. 1969: RTOS. Extending OS/360 for Real Time Spaceflight
Control, Proceedings of the May 14–16, 1969, Spring Joint Computer
Conference, Boston MA, S. 15–27.

Jones, Curtis H. 1970: At Last. Real Computer Power for Decision Makers,
in: Harvard Business Review, 48 (5), S. 75–89.

Jones, Steven E. 2016: Roberto Busa, S. J. and the Emergence of Humanities Computing. The Priest and the Punched Cards, New York.

Kahn, R. E. 1972: Resource-Sharing Communication Networks, in: Proceedings IEEE, 60 (11), S. 1347–1407.

Kaleth, Hans 1961: Die elektronische Datenverarbeitung. Ein Beitrag zur Automatisierung der kriminalpolizeilichen Karteiarbeit, BKA-Schriftenreihe,
Wiesbaden.

Kaplan, Sidney J. 1968: The Advancing Communication Technology and
Computer Communication Systems, Proceedings of the April 30–May
2, 1968, Spring Joint Computer Conference, Atlantic City NJ, S. 119–133.

Katzan, Harry 1977: The IBM 5100 Portable Computer. A Comprehensive Guide
for Users and Programmers, Computer Science Series, New York NY et al.

Katzan, Harry Jr. 1970: Operating Systems Architecture, Proceedings of
the May 5–7, 1970, Spring Joint Computer Conference, Atlantic City
NJ, S. 109–118.

Katzenbach, Nicholas de Belleville 1987: An Overview of Program Trading and
its Impact on Current Market Practices, New York NY.

Kay, Alan u. a. 1978: Position Paper on How to Advance from Hobby Computing to Personal Computing, in: SIGPC Note, 1 (2), S. 29–31.

Kemeny, John G. und Thomas E. Kurtz 1964: BASIC. A Manual for BASIC.
The Elementary Algebraic Language Designed for Use with the Dartmouth Time
Sharing System, Hanover NH.

Kephart, Jeffrey O. und David M. Chess 2003: The Vision of Autonomic
Computing, in: Computer, 36 (1), S. 41–50.

Kerner, Helmut und Georg Bruckner 1989: Rechnernetze nach ISO-OSI,
CCITT, Wolfsgraben.

Kilburn, Tom u. a. 1962: The Atlas Supervisor, www.chilton-computing.org.
uk/acl/technology/atlas/p019.htm.

King, John Leslie u. a. 1997: The Rise and Fall of Netville. The Saga of a

Cyberspace Construction Boomtown in the Great Divide, in: *Electronic Markets*, 7, S. 3–33.

Klossner, Andrew 1980: A Parallel Between Operating System and Human Government, in: *ACM SIGOPS Operating Systems Review*, 14 (2), S. 28–31.

Kneipp, Sebastian 1880: So sollt ihr leben! *Winke und Ratschläge für Gesunde und Kranke zu einer einfachen, vernünftigen Lebensweise und einer naturgemässen Heilmethode*, Kempten.

Kneipp, Sebastian 1889: *Meine Wasser-Kur*, Kempten.

Knight, Kenneth E. 1966: Changes in computer performance., in: *Datamation*, 12 (9), S. 40–54.

Krajewski, Markus 2002: *Zettelwirtschaft. Die Geburt der Kartei aus dem Geiste der Bibliothek*, Berlin.

Kranz, Gene 2001: *Failure is not an Option. Mission Control from Mercury to Apollo 13 and Beyond*, New York NY.

Kraushaar, Wolfgang 2000: *1968 als Mythos, Chiffre und Zäsur*, Hamburg.

Krige, John (Hg.) 1996: *History of CERN*, Amsterdam.

Lacan, Jacques 1986 (1948): Das Spiegelstadium als Bildner der Ichfunktion, wie sie uns in der psychoanalytischen Erfahrung erscheint in: Lacan, Jacques (Hg.): *Schriften*, 1, Weinheim, Berlin, S. 61–70.

Laccabue, Fred 2009: Oral History Interview with Fred Laccabue. Retrieved from the University of Minnesota Digital Conservancy, http://hdl.handle.net/11299/107417.

Landau, Robert M. 1979: Productivity, information technology and the office, Proceedings of the 2nd Annual International ACM SIGIR Conference on Information Storage and Retrieval: Information Implications into the Eighties, Dallas TX, S. 59–63.

Launius, R. D. 2009: Abandoned in Place. Interpreting the US Material Culture of the Moon Race, in: *Public Historian*, 31 (3), S. 9–38.

Lesser, M. L. und J. W. Haanstra 1957: The RAMAC Data-Processing Machine, Proceedings of the December 10–12, 1956, Eastern Joint Computer Conference: New Developments in Computers, New York NY, S. 139–146.

Levine, Stanley L. 1961: The Problem of Heterogeneous Groups in Computer Programmer Training, Proceedings of the 1961 ACM National Meeting, New York, S. 131.301–131.303.

Levy, Steven 2010: *Hackers*, Sebastopol CA.

Lew, K. H. und C. Jong 1988: Getting there from here: Mapping from TCP/IP to OSI, in: *Data Communication* (August), S. 161–175.

Licklider, J. C. R. 1960: Man-Computer Symbiosis, in: *IRE Transactions on Human Factors in Electronics*, 1 (März), S. 4–11.

Licklider, J. C. R. 1967a: Dynamic Modeling, in: Wathen-Dunn, Weiant (Hg.): *Models for the Perception of Speech and Visual Form*, Cambridge, S. 11–25.

Licklider, J. C. R. 1967b: Interactive Dynamic Modeling, in: Shapiro, George und Milton Rogers (Hg.): *Prospects for Simulation and Simulators of Dynamic Systems*, New York NY, S. 281–289.

Licklider, J. C. R. 1967c: Interactive information processing, in: Tou, Julius T. (Hg.): *Computer and Information sciences*, II, New York NY, S. 1–13.

Licklider, J. C. R. 1968: Man-Computer Communication, in: *Annual Review of Information Science and Technology*, 3, S. 201–240.

Licklider, J. C. R. und Welden E. Clark 1962: On-Line Man-Computer Communication, New York NY, S. 113.

Licklider, J. C. R. und R. W. Taylor 1990: In memoriam, J. C. R. Licklider, 1915–1990, in: http://catalog.hathitrust.org/api/volumes/oclc/22964205.html.

Licklider, Joseph Carl Robnett u. a. 1968: The Computer as a Communication Device, in: *Science and Technology for the Technical Men in Management*, 76 (April), S. 21–31.

Luhmann, Niklas 1966: *Recht und Automation in der öffentlichen Verwaltung. Eine verwaltungswissenschaftliche Untersuchung*, 29, Berlin.

Luhmann, Niklas 1968: *Zweckbegriff und Systemrationalität über die Funktion von Zwecken in sozialen Systemen*, Soziale Forschung und Praxis, Tübingen.

Luhmann, Niklas 1993: Gleichzeitigkeit und Synchronisation, in: Luhmann, Niklas (Hg.): *Soziologische Aufklärung. Konstruktivistische Perspektiven*, 5, Opladen, S. 95–130.

Luhmann, Niklas 2007 (1964): Lob der Routine, in: Luhmann, Niklas (Hg.): *Politische Planung. Aufsätze zur Soziologie von Politik und Verwaltung*, Wiesbaden, S. 113–142.

Mahoney, Michael S. 2005: The Histories of Computing(s), in: *Interdisciplinary Science Reviews*, 30, S. 119–135.

Mahoney, Michael S. 2011: *Histories of Computing*, Cambridge MA.

Mangold, Hannes 2017: *Fahndung nach dem Raster. Informationsverarbeitung bei der bundesdeutschen Kriminalpolizei, 1965–1984*, Interferenzen. Zur Kulturgeschichte der Technik, 23, Zürich.

March, James Gardner u. a. 1958: *Organizations*, New York NY, London.

Marill, Thomas u. a. 1963: DATA-DIAL. Two-Way Communication with Computers From Ordinary Dial Telephones, in: *Communications of the ACM*, 6, S. 622–624.

Martin, William L. 1954: A Merchandise Control System, Proceedings of the February 11–12, 1954, Western Computer Conference. Trends in Computers. Automatic Control and Data Processing, Los Angeles CA, S. 184–191.

Mayer, Joh. Eugen 1908: *Das Rechnen in der Technik und seine Hilfsmittel. Rechenschieber, Rechentafeln, Rechenmaschinen usw.*, Sammlung Göschen, Leipzig.

Mayer, Paul A. 2003: *Computer Media and Communication. A Reader*, Oxford.

McCarthy, John 1959: A Time Sharing Operator Program for Our Projected IBM 709, http://www-formal.stanford.edu/jmc/history/timesharing-memo/timesharing-memo.html.

McPherson, J. L. und S. N. Alexander 1951: Performance of the Census UNIVAC System, Proceedings of the December 10–12, 1951, Joint AIEE-IRE Computer Conference: Review of Electronic Digital Computers, Philadelphia PA, S. 16–22.

McPherson, James L. 1953: Commercial Applications. The Implication of Census Experience, Proceedings of the February 4–6, 1953, Western Computer Conference, Los Angeles CA, S. 49–53.

Mendicino, Samuel F. 1972: Octopus. The Lawrence Radiation Laboratory Network, in: Rustin, Randall (Hg.): *Computer Networks*, Englewood Cliffs NJ, S. 95–100.

Metcalfe, Robert M. und David R. Boggs 1976: Ethernet. Distributed Packet Switching for Local Computer Networks, in: *ACM*, 19, S. 395–404.

Meyer, Caroline 2008: *Eidophor. Ein Fernseh-Grossbildprojektionssystem zwischen Nutzungsvisionen und Anwendungsrealitäten 1939–1999*, Zürich.

Miller, Irvin M. 1969: Computer Graphics for Decision Making, in: *Harvard Business Review*, 47 (6), S. 121–132.

Miller, Leslie Jill 1981: The ISO Reference Model of Open Systems Interconnection. A First Tutorial, Proceedings of the ACM 1981 Conference, S. 283–288.

Mindell, David A. 2002: *Between Human and Machine. Feedback, Control, and Computing Before Cybernetics*, Johns Hopkins Studies in the History of Technology, Baltimore MD.

Mindell, David A. 2008: *Digital Apollo. Human and Machine in Spaceflight*, Cambridge MA.

Misa, Thomas J. 2017: *Communities of Computing. Computer Science and Society in the ACM*, San Rafael CA.

MITS 1975: Building Your Own Computer Won't Be a Piece of Cake, in: *Radio Electronics* (5), S. 25.

Moore, Gordon E. 1965: Cramming More Components onto Integrated Circuits, in: *Electronics*, 38 (8), S. 114–117.

Morgan, Howard Lee 1976: Office Automation Project. A Research Perspective, Proceedings of the June 7–10, 1976, National Computer Conference and Exposition, New York NY, S. 605–610.

Morton, Michael S. und Andrew M. McCosh 1968: Terminal Costing for Better Decisions, in: *Harvard Business Review*, 46 (3), S. 147–156.

NASA 1965: Composite Air-to-Ground and Onboard Voice Tape Transcription of the GT-4 Mission, NASA Program Gemini, Working Papers No. 5035, Houston TX.

National Research Council 1999: *Funding a Revolution. Government Support for Computing Research*, Washington D. C.

Nelson, Theodor Holm 1987: *Computer Lib / Dream Machines*, Redmond WA.

Nelson, Theodore Holm 1967: Getting it Out of Our System, in: Schecter, George (Hg.): *Information Retrieval a Critical View. Based on a Colloquium, Philadelphia PA., May 12–13, 1966*, Washington D. C., S. 191–210.

Neu, Walter und Albert Kündig 1968: Project for a Digital Telephone Network, in: *IEEE Transactions on Communication Technology*, COM-16 / No (October 1968), S. 633–648.

Neukom, Hans 2009: Ubisco and CDC. Analysis of a Failure, in: *IEEE Annals of the History of Computing* (April-June), S. 31–43.

Neumann, John von 1945: First Draft of a Report on the EDVAC, in: Randell, Brian (Hg.): *The Origins of Digital Computers. Selected Papers*, Berlin, Heidelberg, New York NY, S. 355–364.

Noll, John und Walt Scacchi 1991: Integrating Diverse Information Repositories. A Distributed Hypertext Approach, in: *IEEE Computer* (December), S. 3845.

Norman, Jeremy M. 2005: *From Gutenberg to the Internet. A Sourcebook on the History of Information Technology*, Novato CA.

Owens, Larry 1986: Vannevar Bush and the Differential Analyzer. The Text and Context of an Early Computer, in: *Technology and Culture*, S. 63–95.

Palormo, Jean M. 1967: The Computer Programmer Aptitude Battery. A Description and Discussion, Proceedings of the fifth SIGCPR Conference on Computer Personnel Research, College Park MD, S. 57–63.

Pelaez, E. 1999: The Stored-Program Computer. Two Conceptions, in: *Social Studies Of Science*, 29, S. 359–389.

Penny, Samuel J. u. a. 1970: Design of a Very Large Storage System, Proceedings of the November 17–19, 1970, Fall Joint Computer Conference, Houston TX, S. 45–51.

Philco 1967: *Familiarization Manual Mission Control Center Houston PHO-FAM001. This Ublication Replaces PHO-FAM001 Published 22 November 1965*, Houston TX.

Pias, Claus 2015: Friedrich Kittler und der »Missbrauch von Heeresgerät«, in: *Merkur*, 69 (791), S. 31–44.

Poole, P. C. und W. M. Waite 1969: Machine Independent Software, Proceedings of the Second Symposium on Operating Systems Principles, Princeton NJ, S. 19–24.

Pratschke, Margarete 2011: Why History Matters. Visual Innovation and the Role of Image Theory in HCI, in: Marcus, Aaron (Hg.): *Design, User Experience, and Usability*, Heidelberg, S. 277–284.

Pugh, Emerson W. u. a. 1991: *IBM's 360 and Early 370 Systems*, Cambridge MA.

Raskin, Jef 1976: Personal Computers. A Bit of Wheat Amongst the Chaff. A Critique on »Little Hidden Gotchas« Found in a Multitude of Kits, in: *Dr. Dobb's Journal of Computer Calisthenics & Orthodontia* (September 1976), S. 15–17.

Raskin, Jef 1987: The Hype in Hypertext. A Critique, Proceedings of the ACM Conference on Hypertext, Chapel Hill NC, S. 325–330.

RCA 1965: RCA Spectra 70, http://www.computerhistory.org/brochures/full_record.php?iid=doc-4372956eb9810.

Redmond, Kent C. und Thomas M. Smith 2000: *From Whirlwind to Mitre. The R&D Story of the SAGE Air Defense Computer*, Cambridge MA.

Reed, Harry L. 1952: Firing Table Computations on the ENIAC, Proceedings of the 1952 ACM National Meeting (Pittsburgh), Pittsburgh PA, S. 103–106.

Ridenour, Louis N. 1955: Storage and Retrieval of Information, Papers and Discussions presented at the November 7–9, 1955, Eastern Joint AIEE-IRE Computer Conference. Computers in Business and Industrial Systems, Boston MA, S. 79–82.

Ridgway, Richard K. 1952: Compiling Routines, Proceedings of the 1952 ACM National Meeting (Toronto), Toronto, S. 1–5.

Roberts, H. Edward und William Yates 1975a: ALTAIR 8800. The Most Powerful Minicomputer Project ever Presented – Can be Built for under $400, in: *Popular Electronics*, 7 (1), S. 33–38.

Roberts, H. Edward und William Yates 1975b: Build the Altair 8800 Minicomputer (Part Two), in: *Popular Electronics*, 7 (2), S. 56–58.

Roberts, L. G. 1978: The Evolution of Packet Switching, in: *Proceedings IEEE*, 66 (11), S. 1307.

Roberts, Lawrence G. und Barry D. Wessler 1970: Computer Network Development to Achieve Resource Sharing, Proceeding AFIPS (Spring) Proceedings of the May 5–7, 1970, Spring Joint Computer Conference, S. 543–549.

Rodgers, Daniel T. 2011: *Age of Fracture*, Cambridge MA.

Rogge, Peter G. 1997: *Die Dynamik des Wandels. Schweizerischer Bankverein 1862–1997. Das fünfte Vierteljahrhundert*, Basel.

Rosen, Philip (Hg.) 1986: *Narrative, Apparatus, Ideology. A Film Theory Reader.*, New York NY.

Rosenfelder, Andreas 2003: Medien auf dem Mond. Zur Reichweite des Weltraumfernsehens, in: Schneider, Irmela u. a. (Hg.): *Medienkultur der 60er Jahre. Diskursgeschichte der Medien nach 1945*, 2, Wiesbaden, S. 17–33.

Rosenthal, David S. H. u. a. 2012: The Economics of Long-Term Digital Storage. In: Duranti, Luciana und Elizabeth Shaffer (Hg.): *The Memory of the World in the Digital Age. Digitization and Preservation. An International Conference on Permanent Access to Digital Documentary Heritage*, Vancouver, S. 513–528.

Rutishauser, Heinz 1952: *Automatische Rechenplanfertigung bei programmgesteuerten Rechenmaschinen*, Basel.

Rutishauser, Heinz 1956: *Automatische Rechenplanfertigung bei programmgesteuerten Rechenmaschinen*, Basel.

Rutishauser, Heinz u. a. 1951: *Programmgesteuerte digitale Rechengeräte (elektronische Rechenmaschinen)*, Mitteilungen aus dem Institut für angewandte Mathematik an der Eidgenössischen Technischen Hochschule in Zürich, Basel.

Sachs, Wolfgang 1994: Satellitenblick. Die Ikone vom blauen Planeten und ihre Folgen für die Wissenschaft, in: Braun, Ingo und Bernward Joerges (Hg.): *Technik ohne Grenzen*, Frankfurt am Main, S. 305–346.

Sackman, Harold 1968: Man-Computer Communication. Experimental Investigation of User Effectiveness, Proceedings of the Sixth SIGCPR Conference on Computer Personnel Research, Cambridge MA, S. 93–105.

Sale, Anthony E. u. a. 2000: The Colossus of Bletchley Park. The German Cipher System, in: Rojas, Raul und Ulf Hashagen (Hg.): *The First Computers. History and Architectures*, Cambridge MA, S. 351–364.

Science News-Letter 1961: Single Computers May Serve Many Companies, in: *The Science News-Letter*, 80 (4), S. 52.

Scott, Linda M. 1991: »For the Rest of Us«. A Reader-Oriented Interpretation of Apple's »1984« Commercial, in: *The Journal of Popular Culture*, 25 (1), S. 67–81.

Scott, S. V. u. a. 2008: *The Impact on Bank Performance of the Diffusion of a Financial Innovation. An Analysis of SWIFT Adoption*, Paris.

Sheldon, John W. und Liston Tatum 1951: The IBM Card-Programmed Electronic Calculator, Papers and Discussions Presented at the Dec. 10–12, 1951, Joint AIEE-IRE Computer Conference. Review of Electronic Digital Computers, Philadelphia PA, S. 30–36.

Sibley, Edgar H. 1975: On the Equivalences of Data Based Systems, Proceedings of the 1974 ACM SIGFIDET (now SIGMOD) workshop on Data description, access and control: Data models: Data-structure-set versus relational, Ann Arbor, Michigan, May 01–03, S. 43–76.

Siebrecht, Michael 1995: *Rasterfahndung. Eine EDV-gestützte Masssenfahndungsmethode im Spannungsfeld zwischen einer effektiven Strafverfolgung und dem Recht auf informationelle Selbstbestimmung*, Berlin.

Simon, Herbert A. 1960: The Corporation. Will It Be Managed by Machines?, in: Anshen, M. und G. L. Bach (Hg.): *Management and Corporations*, New York NY, S. 17–55.

Simon, Herbert A. 1962: The Architecture of Complexity in: *Proceedings of the American Philosophical Society*, 106 (6), S. 467–482.

Simon, Herbert Alexander 1976 (1946): *Administrative Behavior. A Study of Decision-Making Processes in Administrative Organization*, New York NY.

Simon, Herbert Alexander 1977 (1960): *The New Science of Management Decision*, Englewood Cliffs NJ.

Simon, Jürgen und Jürgen Taeger 1981: *Rasterfahndung. Entwicklung, Inhalt und Grenzen einer kriminalpolizeilichen Untersuchungsmethode*, Baden-Baden.

Söll, Wolfgang und Jörg-Hagen Kirchner 1978: *Digitale Speicher. Informationsspeicher in der Technik und im Gedächtnis*, Kamprath-Reihe kurz und bündig Technik, Würzburg.

Solomon, Martin B. 1966: Economies of Scale and the IBM System/360, in: ACM, 9 (6), S. 435–440.

Spitzer, Manfred 2012: *Digitale Demenz. Wie wir uns und unsere Kinder um den Verstand bringen*, München.

Sprenger, Florian 2015: *Politik der Mikroentscheidungen: Edward Snowden, Netzneutralität und die Architekturen des Internets*, Digital Cultures Series, Lüneburg.

Stadlin, Christofer 2010: Actuarial Practice, Probabilistic Thinking and Actuarial Science in Private Casualty Insurance, in: Pearson, Robin (Hg.): *The Development of International Insurance*, London, S. 37–62.

Stahel, Adolf 1950: *Rechnen für Mechaniker*, Zürich.

Steadman, Howard L. und George R. Sugar 1968: Some Ways of Providing Communication Facilities for Time-Shared Computing, Proceedings of the April 30–May 2, 1968, Spring Joint Computer Conference, Atlantic City NJ, S. 23–29.

Stern, Nancy 1981: *From ENIAC to UNIVAC. An Appraisal of the Eckert-Mauchly Computers*, Bedford MA.

Stiefel, Eduard 1954: Rechenautomaten im Dienste der Technik. Erfahrungen mit dem Zuse-Rechenautomaten Z4, Arbeitsgemeinschaft für Forschung des Landes Nordrhein-Westfalen, 45, Köln, S. 29–65.

Stubenrecht, Alfred 1960: *Lochkarten im Klein- und Mittelbetrieb*, Wie-Buchreihe, Düsseldorf.

Studienzentrum für Administrative Automatisierung 1966: *Neue Berufsbilder in der Elektronischen Datenverarbeitung*, 10, München, Wien.

Sumner, Frank H. u. a. 2000: The Atlas Computer, in: Rojas, Raul und Ulf Hashagen (Hg.): *The First Computers: History and Architectures*, Cambridge MA, S. 387–396.

Tanenbaum, Andrew S. 1997: *Computer-Netzwerke*, München, London, Mexiko.

Tanenbaum, Andrew S. 2014: *Modern Operating Systems*, Essex.

Teager, Herbert und John McCarthy 1959: Time-Shared Program Testing, Proceedings of the 14th national meeting of the ACM, New York NY, S. 1–2.

Tillman, Matthew A. und David C.-C. Yen 1990: SNA and OSI. Three Strategies for Interconnection, in: *Commun. ACM*, 33 (2), S. 214–224.

Tobler, Beatrice 2001: Z4 und ERMETH: Maschinen im Dienste des wissenschaftlichen Rechnens, in: Tobler, Beatrice und Sandra Sunier (Hg.): *Loading History. Computergeschichten aus der Schweiz*, 1, Zürich, S. 12–21.

Tomayko, James E. 1988: Computers in Spaceflight: The Nasa Experience, https://archive.org/details/nasa_techdoc_19880069935.

Tomeski, Edward Alexander 1970: *The Computer Revolution. The Executive and the new Information Technology*, New York NY.

Trost, Stanley R. und Wolfgang Dederichs 1983: *Programmsammlung zum IBM Personal Computer*, Der IBM Personal Computer, Düsseldorf.

Turing, Alan M. 1952: The Chemical Basis of Morphogenesis, in: *Philosophical Transactions of the Royal Society of London. Series B, Biological Sciences*, 237 (641), S. 37–72.

Van der Spiegel, Jan u. a. 2000: The ENIAC: History, Operation, and Reconstruction in VSLI, in: Rojas, Raul und Ulf Hashagen (Hg.): *The First Computers. History and Architectures*, Cambridge MA, S. 121–178.

Vissmann, Cornelia 2001: *Akten. Medientechnik und Recht*, Frankfurt am Main.

Voelcker, John 1988: The PDP-8. The First ›Personal‹ Computer for Engineers and Scientists Ushered in the minicomputer Era in: *IEEE Spectrum*, 25 (11), S. 86–92.

Vyssotsky, Victor A. und Fernando José Corbató 1965: Structure of the Multics Supervisor, Proceedings Fall Joint Computer Conference, S. 203–212.

Waldrop, M. Mitchell und J. C. R. Licklider 2002: *The Dream Machine. J. C. R. Licklider and the Revolution that made Computing Personal*, New York NY.

Walker, Janet H. 1987: Document Examiner. Delivery Interface for Hypertext Documents, Proceedings of the ACM Conference on Hypertext, Chapel Hill NC, S. 307–323.

Wanner, Stephan 1985: *Die negative Rasterfahndung. Eine moderne und umstrittene Methode der repressiven Verbrechensbekämpfung*, Rechtswissenschaftliche Forschung und Entwicklung, München.

Warren, Jim 1977: Personal Computing. An Overview for Computer Professionals, Proceedings of the June 13–16, 1977, National Computer Conference, Dallas TX, S. 493–498.

Weiderman, Nelson H. 1979: Personalizing Large Computers, in: *SIGPC Note*, 1 (4), S. 33–35.

Welsh, H. F. und H. Lukoff 1952: The Uniservo-Tape Reader and Recorder, Joint AIEE-IEE-ACM Computer Conference, New York NY, S. 47–53.

Wexelblat, Richard L. 1981: *History of Programming Languages [Proceedings of] the ACM SIGPLAN History of Programming Languages Conference, [Los Angeles CA]*, June 1–3 1978, ACM Monographs Series, New York NY.

Whisler, Thomas L. 1970: *Information Technology and Organizational Change*, Belmont CA.

Wijngaarden, A. u. a. 1969: Report on the Algorithmic Language ALGOL 68, in: *Numer. Math*, 14, S. 79–218.

Willoughby, Theodore C. 1971: Computer Programmer Aptitude Battery. Validation Study, in: *SIGCPR Comput. Pers.*, 2 (3), S. 6–9.

Yates, JoAnne 2005: *Structuring the Information Age. Life Insurance and Technology in the Twentieth Century*, Baltimore MD.

Yates, JoAnne u. a. 2001: *Information Technology and Organizational Transformation. History, Rhetoric and Practice*, Thousand Oaks CA.

Zentralinstitut für Information und Dokumentation 1967: *Erfahrungsberichte zur Anwendung von Lochkarten in Informationseinrichtungen*, ZIID-Schriftenreihe, Berlin.

Zetti, Daniela 2008: *Personal und Computer. Die Automation des Postcheckdienstes mit Computern, ein Projekt der Schweizer PTT*, Preprints zur Kulturgeschichte der Technik, Zürich.

Zetti, Daniela 2009: Die Erschliessung der Rechenanlage. Computer im Postcheckdienst, 1964–1974, in: *Traverse. Zeitschrift für Geschichte* (3), S. 88–102.

Zetti, Daniela 2014: *Das Programm der elektronischen Vielfalt. Fernsehen als Gemeinplatz in der BRD, 1950–1980*, Zürich.

Zuse, Konrad 1936: Verfahren zur selbsttätigen Durchführung von Rechnungen mit Hilfe von Rechenmaschinen, in: *ZuP*, S. 1–7.

Zuse, Konrad 1948: Über Theorie und Anwendungen logistischer Rechen-
    geräte, http://zuse.zib.de, S. 1–38.
Zuse, Konrad 1980: Installation of the German Computer Z4 in Zurich in
    1950, in: IEEE Annals of the History of Computing, 2 (3), S. 239–241.

\\ Abbildungsnachweis

1: stock-photo
2: CBS Photo Archive / Getty Images
3: Orlando / Hulton Archive / Getty Images
4: ETH-Bibliothek Zürich, Bildarchiv / Stiftung Luftbild Schweiz / Fotograf: Swissair
5: ETH-Bibliothek Zürich, Bildarchiv / Fotograf: Unbekannt
6: www.digibarn.com/collections/ads/univac-50s/divide-by-zero/ zero.jpg © Digibarn Computer Museum
7: Archive Photos / Getty Images
8: *https://www.census.gov/library/photos/1950_08010.html*
9: Aus Lesser & Haanstra, S. 140, 141, 144
10: Courtesy of the Computer History Museum / Courtesy of IBM Archives
11: School of Computer Science, University of Manchester
12: Bettmann / Getty Images
13: Courtesy of IBM Archives
14: Information Technology Division (University of Michigan) records, Bentley Historical Library
15: *Popular Electronics*, April 1975, S. 1
16: The LIFE Images Collection / Getty Images
17: Courtesy of the Computer History Museum IBM / Apple
18: Bachman & Williams 1964, S. 415
19: Ebd., S. 414
20: Johnson 1975, S. 510

Andreas Bernard
Kinder machen
Samenspender. Leihmütter. Künstliche Befruchtung.
Neue Reproduktionstechnologien und
die Ordnung der Familie
544 Seiten. Gebunden

Wenn die biologischen Eltern nicht die sozialen sind – was passiert mit der Familie?
Immer mehr Kinder werden mit medizinischer Unterstützung gezeugt. Andreas Bernard hat alle Fakten darüber zusammengetragen, hat die Akteure befragt, die Orte besucht, in den Laboren assistiert, um jetzt eine umfassende Bestandsaufnahme aller Aspekte der künstlichen Zeugung vorzulegen. Eine glänzend erzählte Mischung aus Reportage und Wissenschaftsgeschichte und zugleich eine Untersuchung darüber, was das für unser Verständnis von Familie bedeutet.

»Andreas Bernards Buch […] ist eine optimistische, dabei fundierte Kulturanthropologie der Gegenwart. Was für eine freudige Überraschung in einer verzagten Zeit!«
Nils Minkmar, Frankfurter Allgemeine Sonntagszeitung

Das gesamte Programm gibt es unter
www.fischerverlage.de
fi 1-007112 / 1

Valentin Groebner
Ich-Plakate
Eine Geschichte des Gesichts
als Aufmerksamkeitsmaschine
208 Seiten. Gebunden

Große Augen, lächelnde Münder: Gesichter auf Plakatwänden
sollen Gefühle erzeugen, Vertrauen, Intimität – alles Leitbe-
griffe der Werbung im 21. Jahrhundert. Aber der Glaube an
die Wirkung von Gesichtern hat eine lange Vorgeschichte.
Ihren Spuren geht der Historiker Valentin Groebner in seinem
klugen, elegant geschriebenen Essay nach. Ob Heiligenbilder,
Renaissanceporträts oder Fotografien, alle diese Bilder sagen
viel über die Fertigkeiten ihrer Macher aus, doch wenig über
die dargestellten Menschen. Am Ende stellt sich die Frage, wie
sehr wir diesen Gesichtern wirklich gleichen wollen – denn
autonome Ich-Gesichter gibt es nicht.

»[…] einer der coolsten Geschichtswissenschaftler
momentan überhaupt.«
Jan Feddersen, litera.taz

»Das Buch verbindet auf gelungene Weise die Freiheit des
Essayisten mit der Gründlichkeit des Historikers.«
Frank Kaspar, Mosaik / Passagen – WDR 3

»Dieses Buch kann zu unverhofften Begegnungen führen.«
Thorsten Jantschek, Frankfurter Allgemeine Zeitung

Das gesamte Programm gibt es unter
www.fischerverlage.de

Monika Dommann
Autoren und Apparate
Die Geschichte des Copyrights im Medienwandel
432 Seiten. Gebunden

Das Copyright ist unter Beschuss. Ob Filesharing oder Google, neue technische Erfindungen und Akteure bringen in Bedrängnis, was einstmals als Wert der geistigen Arbeit rechtlich gesichert worden ist. Doch ist das neu? Monika Dommann zeigt in ihrer fulminanten Studie, dass es schon immer einen Konflikt zwischen Autoren und Apparaten gab. Sie schildert die Entwicklung in den USA, Deutschland, Frankreich und Großbritannien und arbeitet an zwei exemplarischen Fällen, Fotokopie und Musikaufnahme, die komplexe Gemengelage der Rechte und Interessen aller Beteiligten von 1850 bis heute heraus. Ihr Buch zeigt, wie alt die neuen Probleme sind und wie fragil der rechtliche Schutz geistigen Eigentums ist. Ein unverzichtbarer Blick in die Geschichte, um die Gegenwart zu begreifen.

»Das Buch der Zürcher Historikerin Dommann ist eine hochinteressante Tour de Force durch die Medien- und Verwertungsgeschichte von Kunst, Literatur und Musik«
Christian Welzbacher, Der Freitag

»Wer […] im globalen Dickicht des geistigen Eigentums längst die Orientierung verloren hat – der kann hier etwas lernen.«
Philipp Theisohn, Süddeutsche Zeitung

Das gesamte Programm gibt es unter
www.fischerverlage.de

fi 1-015343 / 1

Ralf Konersmann
Die Unruhe der Welt
464 Seiten. Gebunden

Einst galt die dauerhafte Ruhe als Bedingung von Glück. Heute
jedoch wird Unruhe belohnt, das Immer-Unterwegs-Sein, die
permanente Veränderung. Ralf Konersmann rekonstruiert, wie
die westliche Kultur ihr Meinungssystem revolutionierte und
von der Präferenz der Ruhe zur Präferenz der Unruhe überging.
Mit genealogischem Blick nimmt er die Unruhe nicht einfach
als gegeben, sondern arbeitet heraus, wie sie überhaupt ihren
Status hat erlangen können. Denn die Unruhe ist weder bloß
Subjekt noch bloß Objekt, sie ist weder Innen noch Außen,
weder Mittel noch Zweck, sondern jederzeit beides zugleich.
Eine analytisch klare und stilistisch brillante Reise durch die
geschichtlichen Stationen einer Vorstellung, die uns heute
permanent am Laufen hält und die uns so selbstverständlich
erscheint, dass niemand sie grundsätzlich hinterfragt.

»Diese grandiose Geschichte der Unruhe ist ein Buch
gegen die Entschleunigung […] Eine überwältigende
geistesgeschichtliche Tiefenbohrung.«
Deutschlandradio Kultur – Lesart

»Ralf Konersmann gelang mit
›Die Unruhe der Welt‹ ein Meisterwerk.«
Raoul Löbbert, Die Zeit

Das gesamte Programm gibt es unter
www.fischerverlage.de

fi 1-038300 / 2

Achim Landwehr
Die anwesende Abwesenheit der Vergangenheit
Essay zur Geschichtstheorie
384 Seiten. Gebunden

Was Historiker als »Quellen« bezeichnen, die Zeugnisse
vergangener Welten, sind bloß Ausschnitte, Schnipsel, die
interpretiert sein wollen. In einer klugen geschichtstheo-
retischen Wendung zeigt der bekannte Historiker Achim
Landwehr, dass und wie wir unsere Vergangenheit selbst
erschaffen. Er erklärt, warum die Wirklichkeit unfassbar ist,
was es mit einer »Geschichte des Zwischen« auf sich hat, mit
dem Lob der Sinnlosigkeit und dem Versuch, der Historie zu
entkommen. Nicht zuletzt entwickelt er ein neues Zeitmodell
des Historischen. Ein Grundlagenwerk der Geschichtstheorie,
das ungewöhnliche Akzente setzt – und deutlich macht, dass
auch in der Geschichte »alles fließt«.

»Ein grandioses Werk.«
Rainer Kühn, Deutschlandfunk

»Wer sich […] auf den Band einlässt, wird viele
als selbstverständlich genommene […] Grundpositionen der
Geschichtswissenschaft intelligent hinterfragt finden.«
Stefan Jordan, Zeitschrift für Geschichtswissenschaft

Das gesamte Programm gibt es unter
www.fischerverlage.de

fi 1-397205 / 1